Emocional

Leonard Mlodinow

Emocional

A nova neurociência dos afetos

Tradução:
Claudio Carina

2ª reimpressão

Grafia atualizada segundo o Acordo Ortográfico da Língua Portuguesa de 1990, que entrou em vigor no Brasil em 2009.

Título original
Emotional: How Feelings Shape Our Thinking

Capa e imagem
Rafael Nobre

Preparação
Angela Ramalho Vianna

Índice remissivo
Luciano Marchiori

Revisão
Renata Lopes Del Nero
Thiago Passos

Dados Internacionais de Catalogação na Publicação (CIP)
(Câmara Brasileira do Livro, SP, Brasil)

Mlodinow, Leonard
Emocional : A nova neurociência dos afetos / Leonard Mlodinow; tradução Claudio Carina. — 1ª ed. — Rio de Janeiro : Zahar, 2022.

Título original: Emotional: How Feelings Shape Our Thinking.
ISBN 978-65-5979-060-9

1. Emoções 2. Neurociência 3. Psicologia 4. Razão I. Título.

22-100835 CDD: 152.4

Índice para catálogo sistemático:
1. Razão e emoção : Psicologia 152.4

Eliete Marques da Silva – Bibliotecária – CRB-8/9380

EDITORA SCHWARCZ S.A.
Praça Floriano, 19, sala 3001 — Cinelândia
20031-050 — Rio de Janeiro — RJ
Telefone: (21) 3993-7510
www.companhiadasletras.com.br
www.blogdacompanhia.com.br
facebook.com/editorazahar
instagram.com/editorazahar
twitter.com/editorazahar

À memória de Irene Mlodinow
(1922-2020)

Sumário

Introdução 9

PARTE I **O que é emoção?** 21

1. Pensamento versus sentimento 23

O que é emoção e como nossas ideias sobre os sentimentos evoluíram com o tempo?

2. O propósito da emoção 51

O objetivo evolutivo das emoções e como elas diferem em animais, variando de insetos até seres humanos

3. A conexão mente-corpo 73

Como seu estado físico influencia o que você pensa e sente

PARTE II **Prazer, motivação, inspiração, determinação** 105

4. Como as emoções orientam o pensamento 107

As emoções como estado mental que influencia nosso processamento de informações

5. De onde vêm os sentimentos? 141

Como o cérebro constrói a emoção

6. Motivação: Querer versus gostar 162

A origem do desejo e do prazer no cérebro e como eles motivam você

7. Determinação 199

Como as emoções podem criar uma vontade férrea

Introdução

Em algumas famílias, quando o mau comportamento de um filho ultrapassa certo limite, os pais o põem de castigo. Ou falam sobre o quanto é importante obedecer ou não aprontar. Em outras famílias, o pai ou a mãe podem dar uma palmada no traseiro do filho. Minha mãe, uma sobrevivente do Holocausto, não fazia nenhuma dessas coisas. Quando eu aprontava uma grande confusão ou tentava jogar o rádio transistor na privada, minha mãe entrava num frenesi, rompia em lágrimas e começava a gritar comigo. "Eu não aguento mais! Preferia estar morta! Por que eu sobrevivi? Por que Hitler não me matou?"

Os acessos dela faziam eu me sentir mal. O estranho, contudo, é que quando eu era criança achava a reação da minha mãe normal. A gente aprende muitas coisas quando cresce, mas uma das maiores lições — que às vezes demanda anos de terapia para desaprender — é que tudo que os seus pais dizem sobre você está certo, e tudo o que acontece na sua casa faz parte da norma. Então eu aceitava as broncas da minha mãe. Claro, eu sabia que os pais dos meus amigos, que não tinham passado pelo Holocausto, não fariam referências a Hitler. Mas imaginava que estouravam de forma análoga. "Por que eu sobrevivi? Por que aquele ônibus não me atropelou? Por que não fui arrastado por um tornado? Por que eu não caio morto de um ataque do coração?"

A ideia de que minha mãe era um caso atípico só me ocorreu numa noite, durante o jantar, quando eu já estava no curso médio. Ela falou de uma consulta psiquiátrica a que tinha ido naquele dia. A consulta fora requerida como parte de seu pedido ao governo alemão de compensações pelo Holocausto. Quando a guerra começou, os nazistas confiscaram a considerável fortuna da família dela e a deixaram na miséria. Mas os pagamentos aparentemente não se limitavam às considerações financeiras. Baseavam-se em evidências de problemas emocionais originários do que ela havia sofrido. Minha mãe revirou os olhos ao saber que teria de ir à consulta, certa de que seria dispensada por conta da sua excelente saúde mental. Mas enquanto eu e meu irmão nos servíamos do insosso frango ensopado à mesa, ela nos disse — indignada — que o médico tinha concluído que ela realmente tinha problemas emocionais.

"Dá para acreditar nisso?", perguntou. "Ele acha que eu sou louca! Claro que o louco é ele, não eu." Em seguida levantou a voz para mim: "Coma o seu frango!". Eu resisti. "Não tem gosto de nada", reclamei. "Coma!", ela insistiu. "Um dia você pode acordar e descobrir que sua família inteira foi morta! E você, sem nada para comer, vai ter que se arrastar pela lama para beber a água suja e fedorenta das poças! *Aí* você vai parar de desperdiçar comida, mas vai ser tarde demais."

As mães de outras crianças faziam discursos sobre não desperdiçar comida porque havia gente passando fome em países pobres e distantes. Minha mãe dizia que em breve *eu* poderia ser um daqueles desesperados famintos. Não era a primeira vez que minha mãe expressava esse sentimento, mas agora, apoiado pela minha imagem mental do sábio psiquiatra que ela tinha consultado, comecei a questionar sua sanidade.

O que sei agora é que minha mãe me alertava sobre o futuro por viver torturada pelo passado, aterrorizada com a possibilidade de aquilo se repetir. Tentava me dizer que a vida podia parecer boa agora, mas que tudo não passava de fumaça e de um jogo de espelhos que logo seriam substituídos por um pesadelo. Como não reconhecia que as expectativas de futuros cataclismos nasciam de seu medo, e não da realidade, ela acreditava que suas predições funestas eram bem fundamentadas. Consequentemente, o medo e a ansiedade estavam sempre à flor da pele.

Meu pai, ex-combatente da resistência e sobrevivente do campo de extermínio de Buchenwald, tinha passado por trauma comparável. Ele e minha mãe se conheceram como refugiados, logo depois do fim da guerra, e pelo resto da vida em comum passaram juntos pelos mesmos eventos. Mas respondiam de formas diferentes, e meu pai era sempre muito otimista e autoconfiante. Por que eles reagiam aos mesmos acontecimentos de modos tão distintos? De maneira mais genérica, o que *são* as emoções? Por que as sentimos e como elas surgem no cérebro? Como elas afetam nossos pensamentos, julgamentos, motivações e decisões, e como podemos controlá-las? São essas as questões que vou abordar neste livro.

O cérebro humano costuma ser comparado a um computador, mas o processamento de informações que esse computador executa está inextrincavelmente interligado ao fenômeno profundo e misterioso que chamamos de sentimentos. Todos sentimos ansiedade, medo e raiva. Sentimos fúria, desespero, vergonha, solidão. Sentimos alegria, orgulho, animação, contentamento, desejo e amor. Quando eu era criança, os cientistas sabiam pouco sobre como essas emoções se formam, como administrá-las, a quais propósitos servem ou por que duas pessoas — ou um mesmo indivíduo em ocasiões diferentes — podem reagir aos mesmos gatilhos de maneiras bem díspares. Naquela época, os cientistas acreditavam que o pensamento racional era a influência dominante no comportamento, e que as emoções tendiam a ser contraproducentes quando assumiam algum papel. Hoje sabemos mais do que isso. Sabemos que a emoção é tão importante quanto a razão para orientar nossos pensamentos e decisões, apesar de operar de maneira diferente. Enquanto o pensamento racional nos permite extrair conclusões lógicas baseadas em nossos objetivos e em dados relevantes, a emoção opera num nível mais abstrato — influenciando a importância que atribuímos aos objetivos e o peso que conferimos aos dados. Ela forma uma estrutura para nossas avaliações que não é apenas construtiva, mas necessária. Enraizada tanto no conhecimento quanto nas experiências passadas, a emoção muda a maneira como pensamos sobre as circunstâncias presentes e as perspectivas futuras, geralmente de forma sutil, porém com as devidas consequências. Muito da nossa compreensão de como isso funciona resulta de avanços ocorridos nas últimas décadas, quando houve uma explosão sem paralelo das pesquisas nesse campo. Este livro é sobre esta revolução na nossa compreensão acerca dos sentimentos humanos.

A revolução emocional

Antes da atual onda das pesquisas sobre a emoção, a maioria dos cientistas entendia nossos sentimentos dentro de uma estrutura que remete às ideias de Charles Darwin. Essa teoria tradicional da emoção adotou uma série de princípios que parecem intuitivamente plausíveis: que há um pequeno conjunto de emoções básicas — medo, raiva, tristeza, aversão, felicidade e surpresa — que são universais em todas as culturas e não têm uma sobreposição funcional; que cada emoção é desencadeada por estímulos específicos do mundo exterior; que cada emoção causa comportamentos fixos e específicos; e que cada emoção ocorre em estruturas específicas do cérebro a ela dedicadas. Essa teoria também adotava uma visão dicotômica da mente, que remetia pelo menos aos gregos antigos: ela consiste em duas forças concorrentes, uma "fria", lógica e racional, e a outra "quente", apaixonada e impulsiva.

Durante milênios essas ideias influenciaram o pensamento em campos que vão da teologia à filosofia e à ciência da mente. Freud incorporou a teoria tradicional em sua obra. A teoria da "inteligência emocional", de John Mayer e Peter Salovey, popularizada pelo livro homônimo de Daniel Goleman, de 1995, em parte se baseia nessas ideias. Ela enquadra a maior parcela do que pensamos sobre nossos sentimentos. Mas está errada.

Assim como as leis do movimento de Newton foram substituídas pela teoria quântica quando a ciência desenvolveu as ferramentas que revelaram o mundo atômico, a velha teoria da emoção agora dá lugar a uma nova perspectiva, em grande parte graças aos avanços extraordinários da neuroimagem e outras tecnologias que permitiram aos cientistas examinar e fazer experiências com o cérebro.

Um conjunto de técnicas desenvolvido nos últimos anos possibilita que os cientistas rastreiem as conexões entre os neurônios, criando uma espécie de diagrama de circuitos do cérebro chamado "conectoma". O mapa do conectoma permite aos estudiosos explorar o cérebro de forma até então impossível. Eles podem comparar circuitos essenciais, sondar regiões específicas do cérebro para examinar as células que as compõem e decifrar os sinais elétricos que geram nossos pensamentos, sentimentos e comportamentos. Outra inovação, a optogenética, propicia que os cientistas assumam *o controle* de neurônios individuais do cérebro de um animal. Ao estimular esses neurônios seletivamente, os pesquisadores conseguiram descobrir os micropadrões da atividade cerebral que produzem certos estados mentais, como medo, ansiedade e depressão. Uma terceira tecnologia, a estimulação transcraniana, utiliza campos ou correntes eletromagnéticas para estimular ou inibir a atividade neural em locais precisos do cérebro humano, sem efeitos permanentes sobre o sujeito experimental, ajudando os cientistas a avaliar a função dessas estruturas. Essas e outras técnicas e tecnologias produziram tantos insights e resultaram em tantos novos estudos que deram origem a um novo campo da psicologia, denominado neurociência afetiva.

Fundada na aplicação de ferramentas modernas ao antigo estudo dos sentimentos humanos, a neurociência afetiva reconfigurou a maneira como os cientistas veem as emoções. Eles descobriram que, embora oferecesse o que pareciam respostas plausíveis para questões básicas sobre os sentimentos, o antigo ponto de vista não representava com precisão a forma como o cérebro humano funciona. Por exemplo, cada emoção "básica" não é realmente uma emoção única, mas na verdade um termo genérico para um espectro ou categoria de sentimentos, e essas categorias não são necessariamente distintas umas das outras. O medo, por exemplo, chega com temperos diferentes, e em alguns casos pode ser difícil de se distinguir da ansiedade.[1] Além do mais, a amígdala, há muito considerada o centro do "medo", na verdade desempenha papel fundamental em várias emoções e, inversamente, não é acionada em todos os tipos de medo. Os cientistas hoje também expandiram o foco para muito além das cinco ou seis emoções "básicas", incluindo dezenas mais, como vergonha, orgulho e outras, as chamadas emoções sociais, e mesmo sentimentos que costumavam ser considerados impulsos, como a fome e o desejo sexual.

No domínio da saúde emocional, a neurociência afetiva nos ensinou que a depressão não é um só transtorno, mas uma síndrome que compreende quatro subtipos diferentes, suscetíveis a diferentes tratamentos e com diferentes assinaturas neurais. Os pesquisadores usaram esses novos conhecimentos para desenvolver um aplicativo de celular que seria capaz de ajudar a aliviar a depressão de um quarto dos pacientes deprimidos.[2] Na verdade, agora os cientistas às vezes conseguem determinar previamente, por meio de uma varredura cerebral, se a pessoa deprimida pode se beneficiar mais de uma psicoterapia que do uso de medicamentos. Também estão sendo estudados novos tratamentos potenciais para condições relacionadas às emoções, da obesidade ao tabagismo e à anorexia.

Alimentada por esses avanços, a neurociência afetiva tornou-se um dos campos mais quentes da pesquisa acadêmica. Ganhou preeminência no programa de pesquisas do Instituto Nacional de Saúde Mental dos Estados Unidos e em muitas instituições que não se concentram na mente em particular, como o Instituto Nacional do Câncer.[3] Mesmo entidades que têm pouco a ver com psicologia e medicina, como centros de ciência da computação, organizações de marketing, escolas de administração e a Kennedy School of Government, na Universidade Harvard, agora destinam recursos e trabalho para essa nova ciência.

A neurociência afetiva tem implicações relevantes quanto ao lugar dos sentimentos na nossa vida cotidiana e na experiência humana. Disse um importante cientista: "Nosso 'conhecimento' tradicional sobre a emoção está sendo questionado em seu nível mais fundamental".[4] Outro reputado estudioso da área afirmou: "Se você é como a maioria das pessoas, você está convencido de que, por ter emoções, sabe muito sobre o que elas são e como funcionam... É quase certo que esteja errado".[5] Para um terceiro, nós estamos "no meio de uma revolução no nosso entendimento sobre emoção, mente e cérebro — revolução que pode nos obrigar a repensar princípios centrais da sociedade, como os tratamentos para doenças mentais e físicas, a compreensão das relações pessoais, os métodos para criar nossos filhos e, em última análise, nossa visão de nós mesmos".[6]

Mais importante: se antes acreditávamos que a emoção era prejudicial ao pensamento e às decisões eficazes, agora sabemos que não é possível tomar decisões, ou sequer pensar, sem sermos influenciados pelas emoções. Ainda que nas sociedades modernas — tão diferentes do ambiente em que evoluímos — as emoções às vezes sejam contraproducentes, o mais comum é que elas nos levem na direção certa. Na verdade, veremos que sem elas teríamos dificuldade de nos mover para qualquer direção.

O que vem pela frente

Em vista de suas experiências no Holocausto, meus pais talvez não pareçam típicos. Contudo, de um modo fundamental, somos todos iguais a eles. Bem no fundo do nosso cérebro, como no deles, a obscura mente inconsciente aplica de modo contínuo as lições de nossas experiências passadas para prever as consequências das circunstâncias atuais. Na verdade, uma forma de caracterizar o cérebro é como uma máquina de previsão. Os hominídeos que evoluíram na savana da África enfrentavam decisões constantes em relação a alimento, água e abrigo. Esse farfalhar ali adiante é produzido por um animal que posso comer ou que quer me comer? Animais mais hábeis em analisar os arredores tinham maior probabilidade de sobreviver e se reproduzir. Para esse fim, diante de quaisquer circunstâncias, o trabalho do cérebro era usar dados sensoriais e experiências anteriores para decidir sobre um conjunto de ações possíveis e, então, para cada ação possível, prever os resultados prováveis. Qual ação tem maior probabilidade de causar morte ou ferimentos, qual tem maior probabilidade de prover nutrição, água ou dar alguma outra contribuição para a sobrevivência? Nas páginas a seguir, analisamos como a emoção influencia esses cálculos. Vamos ver como ela surge, o papel dos sentimentos na criação dos pensamentos e decisões e como podemos aproveitar os sentimentos para prosperar e ter sucesso no mundo moderno.

Na parte I, vou falar do conhecimento atual sobre como as emoções evoluíram e por quê. A compreensão do papel da emoção em nosso projeto básico de sobrevivência revelará muito sobre como respondemos às situações; por que reagimos com ansiedade ou raiva, com amor ou ódio, com felicidade ou tristeza; e por que às vezes agimos inadequadamente ou perdemos o controle das emoções.

Também vamos explorar o conceito de "afeto central", o estado mente-corpo que informa subliminarmente todas as experiências emocionais, influenciando não apenas o que você sentirá em qualquer situação, mas também suas decisões e reações aos acontecimentos — motivo pelo qual, em ocasiões diferentes, a mesma circunstância pode criar respostas emocionais bem diversas.

A parte II examinará o papel central da emoção no prazer, na motivação, na inspiração e na determinação humanas. Por que, dadas duas tarefas de interesse, dificuldade e importância comparáveis, uma delas pode parecer tão difícil de se realizar, enquanto a outra parece fácil? Quais fatores afetam a intensidade do desejo de realizar algo? Por que, em situações semelhantes, você às vezes insiste, com um esforço hercúleo, e em outras desiste imediatamente? E por que alguns indivíduos são mais propensos a seguir em frente e outros a desistir?

A parte III analisa o perfil emocional e a regulação emocional. Cada um de nós tende a reagir com certas emoções e a não reagir com outras. Os cientistas desenvolveram questionários que você pode responder para avaliar suas tendências em várias dessas dimensões principais, e vou apresentá-los no capítulo 8. O capítulo 9 examina o campo emergente chamado "regulação da emoção", estratégias de gerenciamento de emoções testadas pelo tempo vêm sendo recentemente estudadas e corroboradas por rigorosas pesquisas científicas. Quando você entender de onde vêm seus sentimentos, como poderá assumir o controle sobre eles? O que torna isso mais difícil para algumas pessoas que para outras?

Todos nós gastamos tempo deliberando sobre o restaurante no qual comer ou o filme a que assistir, mas não necessariamente dedicamos tempo a ponderar sobre nós mesmos, a refletir sobre o que sentimos e por quê. Muitos de nós fomos criados para fazer o contrário: nos ensinaram a suprimir as emoções; nos ensinaram a não sentir. Mas, embora possamos suprimir a emoção, não podemos "não sentir". Os sentimentos fazem parte do ser humano e da interação com outros humanos. Se não estivermos em contato com eles, não estaremos em contato conosco mesmos, e isso nos prejudicará em nosso trato com os outros, condenando-nos a fazer julgamentos e tomar decisões sem um entendimento completo da origem do nosso pensamento.

Enquanto escrevo esta Introdução, minha mãe está com 97 anos. Ela ficou mais tranquila, porém, no âmago, nunca mudou. Depois de ter estudado a nova teoria da emoção, adquiri uma nova compreensão acerca do comportamento dela. Mais importante, adquiri uma nova compreensão acerca do meu comportamento, pois conhecer a si mesmo é o primeiro passo em direção à aceitação e à mudança, se você desejar mudar. Minha esperança é de que essa jornada pela ciência da emoção desfaça o mito de que as emoções são contraproducentes e lhe ofereça uma nova compreensão sobre a mente humana que possa ajudá-lo a se conduzir em seu mundo de sentimentos e a ganhar controle e poder sobre eles.

PARTE I

O que é emoção?

1. Pensamento versus sentimento

Na manhã do Dia das Bruxas de 2014, uma estranha aeronave subiu aos céus partindo do deserto de Mojave. O avião de fibra de carbono, feito sob encomenda, era basicamente composto por uma dupla de jatos de carga dispostos lado a lado, unidos pela asa. Acoplado àquela monstruosa aeronave de transporte havia um aparelho menor, apelidado de *Enterprise* — uma homenagem à série *Jornada nas estrelas*. O objetivo era que o jato duplo levasse a *Enterprise* a uma altitude de 15 mil metros, onde ela seria lançada, acionaria seus motores por um breve período e depois planaria até pousar.

Os aviões pertenciam à Virgin Galactic, a empresa criada por Richard Branson para transportar "turistas espaciais" em voos suborbitais. Em 2014, foram vendidas mais de setecentas passagens para naves espaciais por um preço que variava entre 200 mil e 250 mil dólares cada. Tratava-se do 35º teste de voo, mas apenas o quarto em que a *Enterprise* acionaria o foguete, que acabara de ser redesenhado para ter a potência aumentada.

A subida correu bem. O piloto David Mackay lançou a *Enterprise* da parte inferior do avião no momento predeterminado. Em seguida, seus olhos percorreram o céu em busca do rastro do motor do foguete. Mas não conseguiu avistá-lo. "Eu me lembro de ter olhado para baixo e pensar: 'Isso é estranho'" — recordou Mackay, experiente o bastante para se acautelar com qualquer coisa inesperada.[1] Mas estava tudo bem. Fora da sua linha de visão, a espaçonave disparou o foguete e em cerca de dez segundos acelerou até ultrapassar a barreira do som. A missão se desenvolvia sem incidentes.

A *Enterprise* era comandada por um piloto de testes chamado Peter Siebold, com quase trinta anos de experiência. O copiloto, Michael Alsbury, já tinha trabalhado com oito aeronaves experimentais diferentes. Sob alguns aspectos, os dois eram bem diferentes: enquanto Siebold era visto pelos colegas de trabalho como arredio, Alsbury se mostrava amigável e era conhecido pelo senso de humor. Porém, afivelados aos assentos da cabine do foguete, funcionavam como uma unidade, a vida de um dependia das ações do outro.

Pouco antes de atingir a velocidade do som, Alsbury destravou o dispositivo de freio a ar da nave. A frenagem era crucial para controlar a orientação e a velocidade do aparelho enquanto ele rumava de volta ao solo, mas só deveria acontecer catorze segundos depois, e Alsbury desbloqueou o freio antes do tempo. Depois, o National Transportation Safety Board (NTSB) criticaria a unidade Scaled Composites da Northrop Grumman, que projetou o veículo para a Virgin, por não se resguardar desses lapsos humanos com um sistema à prova de falhas que evitasse o desbloqueio precoce.

Ao contrário da Virgin Galactic, as iniciativas espaciais patrocinadas pelo governo exigem "tolerância a duas falhas". Isso significa implementar salvaguardas de proteção contra dois problemas simultâneos, distintos e não relacionados — dois erros humanos, dois erros mecânicos ou um de cada. A equipe da Virgin estava confiante de que seus pilotos de teste extraordinariamente bem treinados não cometeriam essas falhas, e a eliminação das salvaguardas tinha certas vantagens. "Nós não temos todas as restrições de uma organização governamental como a Nasa", disse-me um membro da equipe. "Por isso, podemos fazer as coisas muito mais rapidamente."[2] Mas na manhã daquele Dia das Bruxas desengatar a trava não foi um erro inofensivo.

Com o destravamento precoce, a força da atmosfera fez o freio ser acionado mais cedo, apesar de Alsbury não ter ligado o segundo comutador para concluir a operação. Quando o freio entrou em posição, o foguete acionado exerceu uma enorme tensão sobre a fuselagem do avião. Quatro segundos depois, viajando a 1480 quilômetros por hora, a nave se despedaçou. Do solo, parecia uma grande explosão.

Siebold, ainda preso ao assento ejetável, foi lançado para fora do avião. A uma velocidade maior que a do som, a temperatura da atmosfera ao seu redor era de vinte graus Celsius negativos, com apenas um décimo do oxigênio presente no nível do mar. Mesmo assim, de alguma forma ele conseguiu se desafivelar, o que fez o paraquedas se abrir automaticamente. Quando foi resgatado, Siebold não tinha nenhuma lembrança da experiência. Alsbury não teve tanta sorte: morreu instantaneamente quando o avião se despedaçou.

Emoções e pensamentos

A longa sequência de procedimentos bem ensaiados exigida quando o piloto testa um novo avião em geral é executada com tanta naturalidade que é fácil considerá-la rotineira e mecânica. Mas esta é uma visão tremendamente equivocada. Quando a

Enterprise foi separada da nave mãe e acionou o potente motor do foguete — tal como planejado —, a situação física dos pilotos foi afetada de súbito. É difícil imaginar qual seja a sensação, mas um foguete na verdade é uma bomba que explode de forma controlada, e uma explosão controlada não deixa de ser uma explosão. É um evento muitíssimo violento, e a *Enterprise* era relativamente frágil — com apenas 9 mil quilos, contando a carga, em comparação ao 1,8 milhão de quilos do ônibus espacial. Por isso, a pilotagem é bem diferente. Se voar no ônibus espacial é como correr por uma autoestrada num Cadillac, pilotar a *Enterprise* é como dirigir um kart a 240 quilômetros por hora. O disparo do foguete turbinado sujeitou os pilotos da *Enterprise* a um rugido colossal, a tremores e vibrações extremas e a fortes tensões produzidas pela aceleração.

Por que Alsbury acionou o comutador naquele momento? O voo corria conforme o planejado, por isso não é provável que ele estivesse em pânico. Não podemos saber qual foi seu raciocínio, talvez nem ele soubesse. Mas, no estado de ansiedade provocado por um ambiente físico superestressante, nós processamos os dados de um modo difícil de prever com base nas práticas em simuladores de voo. Essa foi mais ou menos a conclusão do NTSB sobre os acontecimentos na *Enterprise*. Especulando se Alsbury, sem experiência recente de voo, teria ficado anormalmente estressado, o NTSB postulou que ele cometera erro de julgamento por ansiedade causada pela tensão do momento, a forte vibração e as forças de aceleração da nave, estresse que ele não experimentava desde seu último voo de teste, dezoito meses antes.

A história da *Enterprise* ilustra como a ansiedade pode nos levar a tomar uma decisão errada, como às vezes acontece. Em nosso ambiente ancestral, havia muito mais perigos com risco de morte do que enfrentamos normalmente na vida civilizada, e portanto nossas reações ao medo e à ansiedade, em particular, às vezes podem parecer exageradas. Casos como esse, exemplificados pela saga da *Enterprise*, são os que, ao longo dos séculos, teceram a péssima fama da emoção.

Mas em geral as histórias sobre emoções que causam problemas são sensacionais, como essa, enquanto as histórias de emoções que funcionam como deveriam tendem a ser triviais. São as falhas que se destacam na narrativa, enquanto o sistema que funciona adequadamente passa despercebido. Por exemplo, já houvera 34 voos de teste bem-sucedidos da *Enterprise*. Em todos eles, tanto o avião quanto seus pilotos atuaram conforme o planejado, orientados por um casamento milagroso da tecnologia moderna com a interação harmoniosa entre o cérebro humano racional e o emocional, e nenhum dos testes se tornou notícia.

Um caso ocorrido mais perto de mim foi o de um amigo que perdeu o emprego e, portanto, o seguro de saúde. Sabendo o custo dos cuidados médicos de boa qualidade, meu amigo ficou preocupado com a própria saúde. E se adoecesse? Poderia ir à falência. A ansiedade afetou sua forma de pensar: se sentia a garganta inflamada, não mais ignorava ou descartava como um simples resfriado, como fazia antes. Em vez disso, passou a temer o pior: seria um câncer de garganta? No fim das contas, essa ansiedade em relação à saúde acabou salvando sua vida. Pois uma das coisas em que nunca havia prestado atenção, mas então começou a preocupá-lo, era uma verruga nas costas. Pela primeira vez ele foi ao dermatologista e fez um exame médico. Era um câncer em estágio inicial. A verruga foi retirada e nunca mais voltou — um homem resgatado pela ansiedade.

A moral dessas duas histórias não é que as emoções ajudam ou impedem o pensamento eficaz, mas que *elas afetam* o *pensamento*: o estado emocional influencia os cálculos mentais tanto quanto os dados objetivos ou as circunstâncias sobre as quais ponderamos. Como veremos, geralmente é melhor que seja assim. O efeito contraproducente da emoção é a exceção, não a regra. Na verdade, à medida que explorarmos o propósito da emoção neste e nos próximos capítulos, veremos que, de fato, se estivéssemos "livres" de todas as emoções dificilmente seríamos capazes de funcionar, pois o cérebro teria de estar abarrotado das regras que governam as decisões simples que devemos tomar constantemente para reagir às circunstâncias cotidianas da vida. Porém, por enquanto, não vamos nos concentrar nos prejuízos ou benefícios da emoção, mas no papel que ela desempenha na maneira como nosso cérebro analisa as informações.

Os estados emocionais têm um papel fundamental no processamento da informação biológica de todas as criaturas, tanto entre mamíferos como nos simples insetos, e nas consequentes ações que elas realizam. Na verdade, o próprio processo que deu errado no desastre da *Enterprise* foi reproduzido em um experimento controlado, em que abelhas foram colocadas em situação extrema e assustadora, semelhante à dos pilotos da Virgin Galatics.[3] Os pesquisadores desse estudo estavam interessados em como criaturas mais simples podem reagir em uma situação caótica e perigosa, e por isso sujeitaram as abelhas a sessenta segundos de agitação em alta velocidade. Como submeter abelhas a uma "agitação em alta velocidade"? Afinal, se você prendê-las em um recipiente e agitá-lo, elas pairam lá dentro, e você terá abelhas voando no interior de um vidro agitado, e não abelhas agitadas. Para contornar esse problema, os pesquisadores imobilizaram as abelhas amarrando-as a minúsculos arreios, o que aumentava a semelhança com a situação dos pilotos da Virgin, que também estavam amarrados e imobilizados em segurança quando a nave estremeceu violentamente. No caso das abelhas, os arreios eram feitos de pedacinhos de canudos de plástico ou outros tubinhos cortados ao meio no sentido longitudinal. As abelhas foram resfriadas para ficar brevemente inativas enquanto eram inseridas no meio tubo e presas com fita adesiva.

Depois de agitarem o vidro, os cientistas testaram como as abelhas tomavam uma decisão. Eles apresentaram uma tarefa que exigia que elas discriminassem entre vários odores aos quais já haviam sido expostas. Nessas exposições anteriores, as abelhas aprenderam quais odores indicavam uma iguaria saborosa (uma solução de sacarose) e quais denotavam um líquido desagradável (quinina). Agora, depois de sacudidas, elas foram novamente expostas aos fluidos das amostras. Puseram-nas numa posição em que podiam escolher, com base nas associações de odores que haviam aprendido antes, se sorviam ou recusavam as amostras.

Mas as amostras apresentadas depois da agitação não eram puramente agradáveis ou desagradáveis; eram misturas de duas partes para uma, em que predominavam a agradável sacarose ou a desagradável quinina. A mistura de dois para um de sacarose-quinina ainda era agradável para as abelhas, e a de dois para um de quinina-sacarose continuava desagradável, mas agora os odores tinham se tornado ambíguos. Quando apresentada a uma das amostras misturadas, a abelha tinha de decidir se o cheiro ambíguo sinalizava uma iguaria saborosa ou uma desagradável surpresa. Os cientistas estavam interessados na seguinte questão: a agitação anterior afetaria a avaliação dos odores pelas abelhas; e, em caso afirmativo, de que maneira?

A ansiedade nas abelhas, assim como nos humanos, é uma reação que os neurocientistas do afeto chamam de ambiente "punitivo". No caso da *Enterprise* e das abelhas, isso não requer uma explicação, mas em geral representa uma circunstância em que se pode esperar uma ameaça ao bem-estar ou à sobrevivência.

Os cientistas descobriram que pensar em estado de ansiedade leva a um viés cognitivo pessimista; quando o cérebro ansioso processa informações ambíguas, ele tende a escolher a mais negativa entre as interpretações prováveis. Nosso cérebro se torna superativo na percepção de ameaças e tende a prever resultados terríveis quando confrontado com a incerteza. É fácil entender por que o cérebro foi projetado dessa forma; ao se encontrar em um ambiente punitivo, o mais sensato seria interpretar os dados ambíguos como mais ameaçadores, ou menos desejáveis, do que se o ambiente fosse seguro e agradável.

Esse viés pessimista de julgamento foi exatamente o que os cientistas constataram. As abelhas agitadas ignoraram a solução de dois para um de sacarose-quinina com muito mais frequência que um grupo de controle que não fora agitado: a agitação influenciou as abelhas a interpretar o cheiro ambíguo como sinal de líquido indesejável. Podemos nos sentir tentados a interpretar o resultado dos cientistas dizendo que as abelhas agitadas cometeram mais "erros" que o grupo de controle. Isso se encaixaria na narrativa de que as "emoções impedem uma boa tomada de decisão", mas o experimento controlado deixa claro que o que realmente aconteceu foi uma mudança razoável e justificada no julgamento das abelhas diante de uma ameaça.

A ansiedade induzida pela agitação também afetou o julgamento dos pilotos da *Enterprise*. Assim como as abelhas, as pessoas ficam ansiosas quando sentem uma turbulência em seu mundo exterior, o que afeta, de maneira semelhante, sua capacidade de processar informações. Isso é até uma verdade fisiológica: as abelhas ansiosas mostraram níveis mais baixos dos hormônios neurotransmissores dopamina e serotonina na hemolinfa (o sangue das abelhas), assim como os humanos quando se sentem ansiosos.

"Nós demonstramos que a resposta das abelhas a um evento com valência negativa tem mais em comum com a dos vertebrados do que se pensava", escreveram os pesquisadores. "[Isso] sugere que podemos considerar que as abelhas demonstram emoções." Embora os cientistas estivessem dizendo que o comportamento das abelhas os remetia ao comportamento das pessoas, para mim as condições dos pilotos — vibrando e sendo agitados — remetem às abelhas. Em um nível profundo da existência, nós e as abelhas temos uma semelhança surpreendente e reveladora no que diz respeito à maneira como processamos a informação: ela não é apenas um exercício "racional", mas está profundamente entrelaçada com a emoção.

A neurociência afetiva nos diz que o processamento da informação biológica não pode ser divorciado da emoção, nem deveria. Nos humanos, isso significa que a emoção não está em guerra com o pensamento racional, mas é uma ferramenta dele. Como veremos nos capítulos a seguir, no pensamento e nas tomadas de decisão em atividades que vão do boxe à física e a Wall Street, as emoções são um elemento crucial do sucesso.

Superando Platão

Como os processos mentais são tão misteriosos, sua natureza ocupou os pensadores muito antes de chegarmos a entender que o cérebro é um órgão. Um dos primeiros e mais influentes pensadores a refletir a esse respeito foi Platão. Ele imaginou a alma como uma carruagem puxada por dois cavalos alados guiados por um cocheiro. Um dos cavalos era um "animal desajeitado [...], olhos cinzentos e pelo avermelhado [...], desobediente ao chicote e à espora". O outro era "aprumado e claro [...], amante da honra [...] e seguidor da verdadeira glória; não precisa de nenhum toque do chicote, sendo guiado apenas por palavras e admoestações".

Muito do que examinamos quando falamos de como a emoção motiva o comportamento é ilustrado pela carruagem de Platão. O cavalo mais escuro representa os apetites primitivos — comida, bebida, sexo. O outro cavalo simboliza a natureza superior, o motor emocional para atingir objetivos e realizar grandes coisas. O cocheiro representa a mente racional, tentando conduzir os dois cavalos segundo seus próprios objetivos.

Na perspectiva de Platão, o cocheiro competente trabalharia com o cavalo branco para conter o cavalo mais escuro e treinaria os dois a fim de continuarem a avançar. Platão acreditava que o habilidoso cocheiro também ouve os desejos dos dois cavalos e trabalha para canalizar suas energias e chegar a uma harmonia entre eles. No seu pensamento, a tarefa da mente racional é fazer um balanço, controlar nossos impulsos e desejos e, à luz de nossos objetivos, escolher o melhor caminho. Embora agora saibamos que esta é uma visão equivocada, a divisão entre a mente racional e a não racional tornou-se um dos principais temas da civilização ocidental.

Apesar de Platão ter visto emoções e racionalidade operando harmoniosamente, nos séculos seguintes esses dois aspectos da vida mental passaram a ser encarados como opostos. A razão era considerada superior e até sagrada. As emoções deviam ser evitadas ou contidas. Filósofos cristãos posteriores aceitaram parte dessa visão. Eles agruparam a luxúria, as paixões e os apetites humanos como pecados que a alma virtuosa deveria tentar evitar, mas identificaram o amor e a compaixão como virtudes.

O termo "emoção" surgiu do trabalho de Thomas Willis, médico londrino do século XVII que também era um anatomista entusiasmado. Se você morresse sob os cuidados dele, haveria uma boa chance de ser dissecado. Em situações de vida ou morte, não devia ser reconfortante saber que seu médico sairia ganhando de um jeito ou de outro. Mas Willis também tinha outra fonte de cadáveres: ele obteve permissão do rei Carlos I para fazer autópsias em criminosos enforcados.[4]

No decorrer de sua pesquisa, Willis identificou e denominou muitas das estruturas cerebrais que estudamos até hoje. Mais importante: ele descobriu que os comportamentos pervertidos de muitos criminosos podiam ser atribuídos a características específicas dessas estruturas. Fisiologistas posteriores desenvolveram o trabalho de Willis estudando as respostas reflexas em animais. Eles descobriram que manifestações como refugar de medo vêm de processos puramente mecânicos, regidos por nervos e músculos, envolvendo alguma forma de movimento. E logo a palavra "emoção", derivada do latim *movere*, "mover", apareceu em suas versões em inglês e em francês.

Demorou alguns séculos para se separar o "movimento" da "emoção". O uso moderno do termo surgiu pela primeira vez numa série de palestras publicadas em 1820 por um professor de filosofia moral de Edimburgo chamado Thomas Brown. O livro foi muito popular, tendo vinte reedições pelas décadas seguintes.[5] Graças a John Gibson Lockhart, que era genro de Sir Walter Scott, temos uma ideia do cenário em que Brown proferiu suas palestras: Lockhart incluiu o relato de uma delas num retrato ficcional em que descreveu a sociedade de Edimburgo. Nele, Brown chega "com um sorriso agradável no rosto, usando uma capa preta sobre paletó cor de rapé e colete de couro", com um jeito de falar "distinto e elegante" e ideias ilustradas por citações de poetas.

Em suas palestras, Brown propunha um estudo sistemático da emoção. Apesar de ser uma ideia excelente, ele enfrentou enormes obstáculos. Isso acontecia numa época em que Auguste Comte, às vezes chamado de primeiro filósofo da ciência, examinava cada uma das seis ciências "fundamentais" — matemática, astronomia, física, química, biologia e sociologia —, sem incluir a psicologia. E por boas razões: enquanto John Dalton descobria as leis básicas da química, e Michael Faraday, os princípios da eletricidade e do magnetismo, ainda não havia uma ciência básica da mente. Brown queria mudar isso. Redefinindo emoção como "tudo o que é compreendido como sentimentos, estados de sentimento, prazeres, paixões, afeições", ele agrupou as emoções em categorias e propôs que fossem estudadas cientificamente.

Brown tinha diversas qualidades excelentes como cientista-filósofo, mas continuar vivo não era uma delas. Durante uma palestra em dezembro de 1819, ele sofreu um desmaio. Seu médico o examinou e o mandou a Londres para uma "mudança de ares". Brown morreu na capital em 2 de abril de 1820, aos 42 anos, pouco antes de seu livro ser lançado. Apesar de nunca ter sabido o impacto de suas ideias, as palestras que deu orientaram o pensamento de pesquisadores que estudaram as emoções nos anos seguintes. Hoje ele é uma figura pouco conhecida, seu túmulo está em completo abandono. Mas durante décadas após sua morte foi muito celebrado por seus insights a respeito da mente humana.

O grande salto seguinte no estudo da emoção veio de Charles Darwin, que passou a refletir sobre o assunto ao regressar de sua viagem no *Beagle*, em 1836. Darwin nem sempre se interessou pela emoção, mas quando começou a criar a teoria da evolução, escrutinou todos os aspectos da vida para tentar entender como se encaixavam em seu quebra-cabeça. As emoções foram um dos aspectos com que teve problemas. Se elas eram contraproducentes, como em geral se aceitava, por que teriam evoluído? Hoje sabemos que não são contraproducentes, mas, para Darwin, o dilema era um estorvo à teoria da seleção natural. Como as emoções, aparentemente desvantajosas, se encaixavam no comportamento animal? Apesar da escassez de trabalhos anteriores nesse campo, Darwin estava determinado a encontrar a resposta. Ele levou décadas para formular sua explicação.

As emoções e a evolução

Alguns dos estudos mais minuciosos realizados por Darwin foram com animais não humanos porque a função da emoção normalmente é mais bem observada em organismos mais simples. A ansiedade, por exemplo, tem um papel complexo e mutável na nossa vida, muito diferente daquele desempenhado no mundo natural a partir do qual evoluímos, mas seu papel construtivo no mundo animal é mais direto e fácil de interpretar. Veja o exemplo do pato-de-rabo-alçado-americano.

Como a evolução depende do acasalamento bem-sucedido, os órgãos genitais de todas as espécies são adaptados para atender às suas circunstâncias particulares. No caso do pato-de-rabo-alçado-americano, os órgãos genitais femininos evoluíram para inibir o acesso aos machos indesejáveis, evitando a fecundação, a menos que a fêmea se ponha de um modo que permita ao macho penetrá-la. Isso faz com que a fêmea seja seletiva sobre com quem acasalar. E os machos, claro, evoluíram como resposta.

Durante o verão, os patos-de-rabo-alçado-americanos machos têm plumagem opaca, semelhante à da fêmea, o que os torna menos visíveis para os predadores. Mas, à medida que a temporada de acasalamento de inverno se aproxima, eles ostentam temporariamente o equivalente a um relógio Rolex e um colar de ouro — as penas ganham um tom castanho vivo e o bico fica azul e brilhante — a fim de se propagandear para as fêmeas exigentes. Além de exibir suas joias, eles cortejam as fêmeas com apresentações incomuns, levantando bem a cauda e batendo o bico no pescoço inflado. A plumagem brilhante e o bico azulado põem em risco a camuflagem usada fora da temporada de acasalamento, mas talvez seja esse o propósito: enviar às fêmeas uma mensagem de proeza física, mostrar que estão em forma e que não precisam ter medo de serem notados.

O sistema funciona muito bem, mas requer outro ajuste. Como os órgãos genitais femininos são de difícil acesso, para acasalar com sucesso o genital masculino precisa ser extralongo — às vezes tão longo quanto o corpo da criatura. Como um órgão genital desse tipo é difícil de carregar, quando termina a época de acasalamento ele se desprende, do mesmo modo que as penas brilhantes, e volta a crescer a cada ano.

Até onde sabemos, os patos-de-rabo-alçado-americanos não sentem ansiedade com essa troca anual do pênis, mas o que realmente os deixa ansiosos é a ameaça de violência. Os machos podem ser agressivos, e os indivíduos maiores intimidam os menores. Contudo, a frequência do conflito físico é reduzida, porque a ansiedade de ser atacado leva os mais fracos a se livrarem logo da plumagem colorida e a desenvolverem um órgão sexual muito menor. Isso tem o efeito de torná-los menos ameaçadores na competição do acasalamento e de não servirem tanto de alvo para as agressões. Essa dinâmica social desempenha papel evolutivo semelhante ao estabelecimento de hierarquias de dominação entre primatas e outros animais sociais: permite a resolução de conflitos sem lutas desgastantes, que podem resultar em ferimentos graves ou morte, e a manutenção da ordem entre os membros do grupo.

Ninguém sabe até que ponto os patos "sentem" conscientemente a emoção da ansiedade, mas os cientistas podem medir nos corpos deles as mudanças bioquímicas dela resultantes. A revista científica *Nature* resumiu tudo isso na manchete: "Competição sexual entre patos faz estragos no tamanho do pênis".[6] Ao ceder efetivamente aos mais poderosos a escolha de parceiros e minimizar o potencial de violência destrutiva, esse "estrago" confere um benefício evolutivo à espécie. Pelo menos nesse caso, fica claro o papel positivo da ansiedade na dança da evolução.

O papel evolutivo de muitas emoções humanas também é bastante claro. Considere os nossos sentimentos em relação a esse subproduto do acasalamento que chamamos de filhos. Cerca de 2 milhões de anos atrás, nosso ancestral *Homo erectus* desenvolveu um crânio muito maior, que permitiu a expansão dos lobos frontal, temporal e parietal do cérebro. Assim como um novo modelo de smartphone, isso representou um grande impulso no nosso poder computacional. Mas também causou problemas. À diferença do smartphone, o novo ser humano precisa passar pelo canal de nascimento de uma humana mais velha e ser sustentado pela atividade metabólica da mãe até esse momento feliz. Como resultado desses desafios, os bebês humanos saem do útero mais cedo que o normal entre os primatas: a gravidez humana deveria durar no mínimo dezoito meses para o cérebro da criança humana se desenvolver tanto quanto o de um chimpanzé ao nascer — mas a essa altura o bebê estaria grande demais para passar pelo canal de nascimento. A saída precoce resolve alguns problemas, mas causa outros. Como o cérebro humano no nascimento ainda não está muito bem desenvolvido (apenas 25% do tamanho adulto, em comparação a 40-50% de um bebê chimpanzé), os pais humanos carregam o fardo de uma criança que estará indefesa por muitos anos — cerca de duas vezes mais que um bebê chimpanzé.[7]

Cuidar dessa criança indefesa é um grande desafio de vida. Não faz muito tempo, almocei com um amigo que se tornou pai em tempo integral quando o filho nasceu, quinze meses antes do nosso encontro. Meu amigo tinha jogado futebol americano na faculdade e sido CEO de uma startup. Nenhum desses desafios o exauriu. Mas no nosso almoço ele estava taciturno, cansado, encurvado por dores nas costas e mancando. Em outras palavras, a paternidade que o prendia em casa teve sobre ele o mesmo efeito que um caso leve de poliomielite.

Meu amigo não é um caso atípico. As crianças humanas exigem uma quantidade enorme de cuidados. O trabalho de prover esses cuidados é uma das profissões menos valorizadas na sociedade ocidental, mas tem um alto custo. Antes do nascimento do primeiro rebento, algumas pessoas acham que ter um filho vai ser uma grande festa. O que elas não percebem é que junto com essa grande festa vem uma ressaca — os deveres de banhar, alimentar e manter a segurança do bebê.

Por que nos levantamos três vezes por noite para alimentar nossos filhos? Por que nos damos ao trabalho de limpar o cocô e temos que nos lembrar de trancar o armário com aquele produtor de limpeza que parece uma garrafa de Gatorade? A evolução proporcionou uma emoção motivadora para todo esse trabalho: o amor dos pais.

Cada uma de nossas emoções, quando ocorre, altera nosso pensamento de maneira a cumprir algum propósito evolutivo. Nosso amor parental é uma engrenagem na máquina da vida humana, tanto quanto a ansiedade de acasalamento na vida do pato-de-rabo-alçado-americano. O fato de amarmos nossos filhos porque a evolução nos manipulou para isso não diminui esse amor. Apenas revela a origem dessa dádiva que tanto enriquece nossas vidas.

Enquanto tentava decifrar o papel da emoção, Darwin não tinha acesso aos conhecimentos e às tecnologias de que dispomos hoje, e nunca estudou o pato-de-rabo-alçado-americano (eles são nativos da América do Norte). Mas estudou detalhadamente a plumagem, o esqueleto, o bico, as patas, as asas e o comportamento de vários outros patos selvagens. Também entrevistou criadores de pombos e de gado. E observou com atenção um gorila, um orangotango e outros macacos no zoológico de Londres.

Acreditando que poderia obter esclarecimentos sobre o propósito das emoções ao se concentrar nos sinais externos — os movimentos e configurações musculares, particularmente na face, que inspiraram a criação do próprio termo —, Darwin fez anotações abundantes sobre o que pareciam expressões humanas de sentimentos nos animais. Ele se convenceu de que os animais "são estimulados pelas mesmas emoções que nós", e que os sinais externos de emoção serviam para comunicar esses sentimentos, possibilitando uma espécie de leitura da mente entre animais que careciam da capacidade de linguagem.[8] Os cães podem não chorar no final de *Romeu e Julieta*, mas Darwin acreditava ver a emoção do amor no olhar do seu cachorro.

Darwin estudou as emoções em humanos também, mais uma vez concentrando-se em sua manifestação física. Distribuiu um questionário entre missionários e exploradores do mundo todo, perguntando sobre a expressão emocional em diferentes grupos étnicos. Examinou centenas de fotos de atores e bebês expressando emoções. Documentou os sorrisos e caretas do próprio filho pequeno, William. Suas observações o levaram a acreditar que cada emoção produz uma expressão característica e consistente em todas as culturas humanas — assim como em várias espécies de outros mamíferos. Sorrisos, carrancas, olhos arregalados, cabelos em pé, Darwin acreditava que tudo derivava de expressões físicas que haviam se mostrado úteis nos estágios iniciais da evolução da espécie. Por exemplo, ao enfrentar um rival agressivo, o babuíno rosna para sinalizar que está pronto para lutar. O lobo também pode rosnar, ou enviar a mensagem oposta rolando de costas, submisso, para transmitir a disposição de recuar.

Darwin concluiu que nossas várias emoções nos foram transmitidas por antigos animais ancestrais em cujas vidas cada emoção desempenhava um papel específico e necessário. Essa foi uma ideia revolucionária, um rompimento radical com a visão milenar generalizada de que as emoções são fundamentalmente contraproducentes.

No entanto, Darwin também acreditava que, em algum momento no curso da evolução, nós humanos desenvolvemos um método superior de processamento de informações — nossa mente racional, um "intelecto nobre" e "divino" que poderia superar as emoções irracionais —, e assim julgou, erroneamente, que as emoções tinham deixado de ter função construtiva.[9] Na visão de Darwin, as emoções humanas eram meros resquícios de um estágio anterior de desenvolvimento, como o cóccix ou o apêndice — inúteis, contraproducentes, às vezes até perigosos.

A visão tradicional sobre a emoção

Darwin finalmente publicou suas conclusões no livro *A expressão das emoções no homem e nos animais*, de 1872. Este tornou-se o trabalho mais influente sobre o tema desde Platão, e no século seguinte inspirou a teoria da emoção — a teoria "tradicional"

— que até recentemente dominava nossas ideias a esse respeito. Os princípios fundamentais da teoria tradicional eram de que existe um punhado de emoções básicas compartilhadas por todos os seres humanos; que essas emoções têm gatilhos determinados e resultam em comportamentos específicos; e que cada uma delas se origina em alguma estrutura do cérebro a ela dedicada.

Com suas raízes no pensamento darwiniano, a teoria tradicional da emoção está intimamente ligada a uma concepção do cérebro, e de sua evolução, que é chamada de "modelo trino". Carl Sagan popularizou esse modelo no livro *Os dragões do Éden*, e Daniel Goleman o usou como base para *Inteligência emocional*, de 1995. Conforme apresentado na maioria das obras publicadas entre os anos 1960 e cerca de 2010 — e ainda hoje em muitas outras —, o modelo trino afirma que o cérebro humano é composto por três camadas sucessivamente mais sofisticadas (e evolutivamente mais recentes). O mais profundo é o cérebro reptiliano ou de lagarto, a sede dos instintos básicos de sobrevivência; a camada intermediária é o cérebro límbico ou "emocional", que herdamos dos mamíferos pré-históricos; e a camada mais externa e sofisticada é o neocórtex, considerado a fonte do poder de pensamento racional. São essencialmente o cavalo mais escuro, o cavalo branco e o cocheiro de Platão.

O cérebro reptiliano, de acordo com o modelo trino, engloba as estruturas mais antigas do cérebro, herdadas dos répteis, o mais instintivo dos vertebrados. Essas estruturas controlam as funções regulatórias do nosso corpo. Por exemplo, a fome que sentimos quando o nível de açúcar no sangue está baixo. Se estiver com fome e vir uma presa, o réptil atacará de imediato, mas um mamífero como o gato pode brincar com ela.

O ser humano pode fazer uma pausa ao ver a fonte de nutrição e curtir o momento. De acordo com o modelo trino, a fonte desses comportamentos mais complexos é o cérebro límbico, ausente no réptil. Diz-se que o cérebro límbico é a sede das emoções básicas definidas pela teoria tradicional: medo, raiva, tristeza, repulsa, felicidade e surpresa.

Finalmente, o neocórtex, que fica acima das estruturas límbicas, é a fonte da razão, do pensamento abstrato, da linguagem, da capacidade de planejamento e da experiência consciente. Ele é dividido em duas metades, ou hemisférios, cada qual, por sua vez, dividido em quatro lobos — frontal, parietal, temporal e occipital — com diferentes conjuntos de funções. Por exemplo, a visão está centrada no lobo occipital, enquanto o lobo frontal abriga áreas que proporcionam habilidades mais aprimoradas ou exclusivas da nossa espécie, como o processamento complexo da linguagem no córtex pré-frontal e o processamento social no córtex orbitofrontal (uma parte do lobo frontal).

A hierarquia do modelo trino anda de mãos dadas com a teoria tradicional da emoção. Ela afirma que o neocórtex, o centro intelectual, tem pouca ou nenhuma influência na criação da vida emocional. Em vez disso, serve para regular quaisquer impulsos contraproducentes que surjam dela. A emoção, nesse esquema, vem das camadas inferiores. Lá, cada uma delas é desencadeada por estímulos específicos do mundo externo, quase como um reflexo. Uma vez desencadeada, cada emoção produz um padrão característico de alterações físicas. Estas envolvem diferentes sensações e reações corporais, como padrões de frequência cardíaca e respiração e a configuração dos músculos faciais. Uma situação específica, nessa visão, quase sempre resultaria em determinada resposta emocional, e quase todos os seres humanos — em todas as culturas — teriam a mesma resposta, a menos que as estruturas envolvidas na criação da emoção estivessem prejudicadas.

O modelo trino coloca emoção, estrutura cerebral e evolução em um pacote organizado. O único problema é que não é bem assim — na melhor das hipóteses, ele é uma grande simplificação. Embora os neurocientistas às vezes ainda lancem mão do modelo como aproximação, podem ocorrer mal-entendidos caso seja interpretado literalmente. Por um lado, ele não leva em consideração o alto nível de comunicação entre as camadas. Se o cheiro de algum alimento gerar aversão no cérebro límbico, por exemplo, isso pode ser transmitido para o cérebro reptiliano, levando ao impulso de vomitar, e para o neocórtex, que pode fazer você se afastar do objeto. Além disso, a geração de várias emoções no cérebro não parece estar focada em uma área ou outra, como se pensava, pois é muito mais amplamente distribuída. Há também uma sobreposição anatômica entre as camadas, tornando a própria classificação em reptiliana, límbica e neocortical bastante problemática. O córtex orbitofrontal, por exemplo, em geral é considerado uma estrutura límbica.[10] E, finalmente, a evolução não funciona da maneira representada pelo modelo trino. Embora várias estruturas nas três camadas possam ter se originado em diferentes eras evolutivas, as mais antigas continuaram a evoluir à medida que as mais novas se desenvolveram — assim como sua função e, de modo mais geral, seu papel na organização do cérebro. "Adicionar [camada sobre camada] quase certamente não é a maneira como o cérebro evoluiu", disse o neuroantropólogo Terrence Deacon, de Berkeley.[11]

A visão tradicional da emoção, embora ainda comum na cultura popular, não é mais válida que o modelo trino que parecia apoiá-la. Também é apenas uma aproximação grosseira e muitas vezes enganosa. Como as leis do movimento de Newton, essa visão corresponde à nossa compreensão superficial e intuitiva, mas é falha se você tiver as ferramentas para olhar mais de perto. No início do século XX, novas tecnologias forneceram aos cientistas a possibilidade de observar a natureza em um nível mais profundo do que Newton, e demonstraram que sua "mecânica clássica" era mera fachada. Da mesma forma, a tecnologia do século XXI ofereceu aos cientistas os meios de enxergar para além dos aspectos superficiais da emoção, o que provou que a teoria tradicional também estava errada.

Salvos pela emoção

Pouco depois da meia-noite de 30 de agosto de 1983, o voo 007 da Korean Air Lines (KAL) decolou do Aeroporto Internacional John F. Kennedy, em Nova York, com destino a Seul. O avião transportava 23 tripulantes e 246 passageiros, incluindo o congressista americano ultraconservador Larry McDonald, da Geórgia, a caminho de participar das cerimônias comemorativas do aniversário do Tratado de Defesa Mútua Estados Unidos-Coreia do Sul. Segundo o *New York Post*, o ex-presidente Richard Nixon deveria estar ao lado de McDonald, mas decidira não ir.

Após reabastecer em Anchorage, o avião, um Boeing 747, decolou novamente e tomou o rumo sudoeste em direção à Coreia. Uns dez minutos mais tarde, começou a desviar para o norte. Meia hora depois disso, um sistema de radar militar automatizado em King Salmon, Alasca, detectou o avião cerca de vinte quilômetros ao norte de onde deveria estar, mas os militares não foram notificados. O voo 007 da KAL continuou na mesma direção pelas cinco horas e meia seguintes.

Às 3h51, horário local, o avião entrou no espaço aéreo restrito da Península Soviética de Kamchatka.* Depois de rastrear a aeronave por uma hora, as forças de defesa soviéticas enviaram três caças Su-15 e um MiG-23 para estabelecer contato visual. "Eu vi duas fileiras de janelas e soube que se tratava de um Boeing", disse o primeiro piloto mais tarde. "Para mim, contudo, isso não significava nada. É fácil transformar um modelo de avião civil em aeronave para uso militar."[12] O piloto disparou mísseis de advertência contra o avião, esperando que o comandante reconhecesse a interceptação militar e se deixasse escoltar até o pouso. Mas os mísseis passaram pelo Boeing sem serem detectados. Infelizmente, ao mesmo tempo, o capitão do voo da KAL se comunicava por rádio com o controle de tráfego aéreo da área de Tóquio, solicitando permissão para seguir numa rota de voo mais alta a fim de economizar combustível. A permissão foi concedida. Quando o Boeing diminuiu a velocidade e começou a subir, o piloto soviético interpretou a ação como manobra de evasão não cooperativa. Ele inquietou-se com a ideia de atacar o que poderia ser uma aeronave civil, mas seguiu o protocolo militar e respondeu disparando dois mísseis ar-ar no avião. O 747 foi atingido, caiu em espiral e se espatifou no mar. Ninguém sobreviveu.

---

* A essa altura o avião já havia cruzado a linha internacional de data, por isso era o dia 1º de setembro de 1983.

A Otan reagiu ao ataque com uma série de exercícios militares. Isso aumentou as tensões da Guerra Fria entre os Estados Unidos e a União Soviética, que já estavam em um nível nunca visto desde a crise dos mísseis em Cuba nos anos 1960. A hierarquia militar soviética, em particular, andava tremendamente desconfiada das intenções dos Estados Unidos e de seu presidente, Ronald Reagan, que tinha instalado um novo sistema de mísseis na Europa e chamava a União Soviética de "império do mal".

Alguns altos funcionários soviéticos temiam abertamente que os Estados Unidos estivessem planejando um ataque nuclear preventivo contra a União Soviética. Dizia-se que o líder soviético, Yuri Andropov, estava obcecado por esse temor. Em segredo, os militares soviéticos iniciaram um programa de coleta de informações para rastrear um possível ataque nuclear. Também cercaram o país com uma série de radares terrestres para auxiliar seu sistema de satélite a fim de detectar a aproximação de ogivas.

Menos de um mês depois do incidente com a KAL, o tenente-coronel Stanislav Petrov, de 44 anos, era o oficial de serviço no turno da noite na casamata do comando secreto onde os soviéticos monitoravam seus sistemas de alerta mais avançados. O treinamento de Petrov fora rigoroso e seu trabalho era claro: validar qualquer aviso que o sistema pudesse gerar e relatá-lo ao comando militar superior. Porém, ao contrário dos colegas, Petrov não era soldado profissional; sua formação era em engenharia.

Naquela noite, ele estava de plantão já há algumas horas quando o alarme começou a soar. Um mapa eletrônico acendeu. A tela iluminada exibia a palavra "LANÇAMENTO". O coração de Petrov pulou e ele sentiu a descarga de adrenalina. Entrou em estado de choque. Pouco depois o sistema registrou outro lançamento. Depois outro, e outro, e mais outro. Os Estados Unidos, dizia o sistema, tinham lançado cinco mísseis balísticos intercontinentais Minuteman.

O protocolo de Petrov estabelecia claramente que a decisão de relatar qualquer alarme deveria se basear somente nas leituras do computador. Ele verificou o computador e classificou o nível de confiabilidade dos alertas como "o mais alto". Os dados a partir dos quais o alarme era acionado passavam por trinta camadas de verificação. A tarefa de Petrov agora era simplesmente pegar o telefone e relatar os lançamentos ao alto comando da União Soviética, com o qual tinha linha direta. Esse relatório, como Petrov sabia, quase certamente iria desencadear um ataque de retaliação maciça e imediata. Seria o início de uma guerra nuclear. Petrov sentiu um medo terrível. Havia alguma possibilidade, talvez mínima, de que fosse um alarme falso, mas seu relatório significaria o fim da civilização tal como a conhecemos. Não transmitir a informação, contudo, seria descumprimento do dever.

Petrov hesitou. Os dados informados pelo computador eram inequívocos, assim como as ordens que recebera. Mas algo dentro dele o levou a se concentrar na possibilidade de que aquilo fosse alarme falso. Refletiu muito. Apesar de todas as salvaguardas, não fazia ideia de como um erro tão grave poderia ter ocorrido. Petrov percebeu que estava ficando sem tempo. Era preciso tomar alguma atitude, de uma forma ou de outra. O estresse era enorme. Ele sabia que uma simples análise lógica, com base em suas ordens e nos dados disponíveis, o levaria a informar o possível ataque. Mas, apesar de não ter evidências de que os alarmes não eram reais, decidiu não avisar os superiores. Em vez disso, agindo por uma aversão emocional a iniciar a Terceira Guerra Mundial, ligou para o oficial de serviço no quartel-general do Exército soviético e relatou mau funcionamento do sistema.

Petrov sabia que nenhum de seus colegas soldados profissionais teria desobedecido às ordens recebidas, mas ele desobedeceu. E esperou. Se estivesse errado, seria o maior traidor da história do seu país, permitindo sua destruição sem uma resposta efetiva. Mas, se fosse esse o caso, será que realmente importava? Conforme os minutos se passavam, Petrov avaliou suas chances em 50%. Só depois de vinte minutos, disse mais tarde, conseguiu respirar com alguma facilidade. Investigação posterior mostraria que os falsos alarmes haviam sido causados quando, por um alinhamento improvável da luz do sol sobre nuvens de grande altitude acima de Dakota do Norte, os satélites soviéticos confundiram o reflexo do astro com múltiplos lançamentos de mísseis.

As emoções nos ajudam a entender o significado das circunstâncias em que nos encontramos. Especialmente em situações complexas e ambíguas — e aquelas em que precisamos tomar uma decisão rápida —, elas agem como guias internos que nos indicam a direção correta. Embora pareça ter saído do nada, a decisão de Petrov foi produto da emoção inspirada, em um instante, na soma de suas experiências passadas, de uma forma rápida e difícil de se conseguir numa análise racional. O que Petrov fez — e que o piloto de caça que abateu o voo da KAL, mais disciplinado, não fez — foi se deixar conduzir por suas emoções.

As questões do coração são as mais importantes e as mais difíceis de decifrar. A nova ciência da emoção expandiu nosso autoconhecimento. Agora sabemos que a emoção está profundamente integrada aos circuitos neurais do cérebro, inseparável dos circuitos de pensamento "racional". Seria possível viver sem a capacidade de raciocínio, mas seríamos totalmente disfuncionais se não pudéssemos sentir. A emoção é uma parte do maquinário mental que temos em comum com todos os animais superiores, mas o seu papel no nosso comportamento nos diferencia mais deles do que a racionalidade.

2. O propósito da emoção

Eu estava num hotel de beira de estrada e queria uma cerveja. Liguei para o serviço de quarto, tarde da noite. Disseram que meu pedido chegaria em cerca de 45 minutos. Eu não queria esperar tanto tempo. Como a demanda era simples, perguntei: "Não dá para apressar isso?". A resposta foi: "Não, desculpe". Algumas noites depois, me encontrei na mesma situação. Dessa vez, tentei uma tática diferente. "Não dá para apressar, pois eu não queria esperar tanto?", acrescentei. Agora a resposta foi: "Claro, posso agilizar. Vou mandar imediatamente". Um caso como esse não prova nada, claro, mas minha experiência ilustra um efeito que *já foi* cientificamente estudado: pedidos rotineiros têm mais probabilidade de ser atendidos quando o solicitante fornece um motivo, não importa o quanto ele seja óbvio ou frágil.[1] Isso porque a pessoa do outro lado em geral pensa pouco ou nem pensa no motivo apresentado: não é a justificativa que desencadeia a cooperação, mas o fato de ter sido mencionada. Os psicólogos chamam esse tipo de reação "impensada" de reação reflexa. Com isso eles querem dizer que a relação do estímulo com a resposta satisfaz três critérios: deve ser acionada por um evento ou situação específicos; deve resultar em um comportamento específico; e deve acontecer praticamente todas as vezes em que o estímulo é apresentado.

A reação reflexa mais famosa é o *reflexo patelar*, acionado quando o médico bate no tendão do joelho da sua perna em repouso. A resposta depende desse gatilho específico: você não vai flexionar o joelho se assistir a um vídeo do médico com o martelinho na mão nem quando se assusta se a porta bater. Reciprocamente, sua reação também é específica. A marteladinha no joelho não faz você balançar a cabeça ou pular da cadeira; você simplesmente flexiona o joelho. E, finalmente, sua resposta é previsível: você faz isso praticamente todas as vezes; na verdade, é muito difícil deixar de fazer. Esses reflexos são necessários porque, se realmente tivesse de pensar em todos os seus movimentos, você não conseguiria se mover. Considere o ato de andar: é um ato regido por todos os tipos de reflexos nos quais você não pensa (inclusive o reflexo patelar), e o cérebro só precisa dar um comando geral ao córtex espinhal para que vários músculos funcionem juntos.

Os reflexos físicos, como a reação patelar, não precisam de um cérebro. Mesmo quando se extrai o cérebro inteiro de um organismo, se a medula espinhal estiver intacta, continuará exibindo a reação patelar. Também temos reações reflexas mais sofisticadas. Uma delas é o *padrão fixo de ação*, ou *roteiro*, um pequeno programa que nosso cérebro segue diante de situações familiares. O modo "piloto automático", que você adota quando dirige para o trabalho ou faz uma refeição distraidamente, ponderando sobre algum problema, ou participa de uma reunião de negócios, também se enquadra nessa categoria. O mesmo acontece com boa parte do comportamento dos animais, até com aqueles que parecem amorosos ou prestativos. Por exemplo, quando um filhote de passarinho abre a boca, a mãe a enche de vermes ou insetos. Mas esse comportamento nada tem a ver com o fato de o pássaro ser o filhote *dela* nem mesmo de ser *um filhote*. Ele é um roteiro acionado por qualquer coisa que se pareça com uma grande boca aberta; há até um vídeo no YouTube que mostra um cardeal pulando para alimentar um peixinho dourado que está com a boca aberta.[2]

Um reflexo mental mais complexo é o "botão" psicológico, a reação normalmente intensa que podemos ter em certos encontros sociais. Assim como você levanta a perna quando o tendão do joelho é tocado, um "botão" psicológico pode ser acionado quando alguma experiência o remete a problemas não resolvidos no passado. Certos gatilhos comuns são alguém ignorar você, ou não seguir as regras, ou mentir para você, ou fazer alguma crítica ou usar uma frase como "Você nunca" ou "Você sempre". Quer a emoção esteja ou não envolvida na formação do ciclo de gatilho/resposta, se o evento produzir uma reação impensada imediata ele é o equivalente mental do reflexo patelar.

Os psicólogos clínicos se deparam com isso o tempo todo; os botões podem criar encrenca quando acionados por nossos colegas, amigos e familiares. Mesmo em relacionamentos saudáveis, talvez resultem em ciclos recorrentes de conflito. Quando percebemos esses botões em nossos amigos e familiares, convém evitar acioná-los. Se percebemos que nós temos esses botões, é aconselhável trabalhar para desativá-los. Uma amiga que trabalhava em casa, por exemplo, me contou que costumava gritar com o marido se ele entrasse no seu escritório enquanto ela estava concentrada em alguma coisa. Quando percebeu que aquilo era um botão — por ter tido pouca privacidade ou pouco respeito pelo seu espaço pessoal quando criança —, as intrusões ocasionais deixaram de incomodar tanto, e ela conseguia falar calmamente com o marido sobre como minimizar as intrusões. Às vezes o remédio é muito fácil: basta aprender a notar que o botão foi acionado e usar a vontade consciente para alterar a reação. Fazemos algo semelhante quando estamos dirigindo para algum lugar no modo piloto automático e passamos para o controle consciente a fim de mudar o trajeto e evitar um engarrafamento que vemos ali adiante.

Alguém pode se sentir tentado a descartar as reações reflexas como primitivas e insignificantes, mas às vezes elas são poderosas e um importante modo de operação, tanto em animais não humanos como em humanos. Nos organismos simples, elas desempenham o papel dominante.

O poder do comportamento reflexo é exemplificado no sucesso de um dos organismos mais simples, a bactéria. Assim como nós tentamos ganhar a vida sem trabalhar muitas horas, essas máquinas biológicas procuram maximizar a energia alimentar obtida por unidade de tempo de busca de alimento. Conseguem isso empregando um "comportamento" puramente roteirizado. Orientadas por mecanismos químicos complexos, porém automáticos, elas se aproximam e devoram nutrientes, e são repelidas quando encontram substâncias nocivas.[3] As bactérias inclusive cooperam em grupo, liberando certas moléculas a fim de emitir sinais umas para as outras.[4]

"A variedade de possíveis 'condutas' bacterianas é notável", escreveu o neurocientista António Damásio.[5] As bactérias cooperam entre si e evitam ("esnobam", como dizem alguns pesquisadores) indivíduos que não colaboram com os outros. Damásio relata um experimento em que várias populações de bactérias tinham de competir por recursos dentro dos frascos que as abrigavam. Algumas responderam com o que parecia agressão, lutando entre si e sofrendo pesadas perdas. Outras sobreviveram cooperando. E assim foi por milhares de gerações. Se nós humanos temos os nossos espartanos e nazistas, mas também os Estados pacifistas, o mesmo acontece com a *E. coli*.

Apesar de os seres humanos terem superado o tipo de vida regido predominantemente por reações reflexas, estas têm um controle maior do nosso comportamento do que a maioria das pessoas imagina. Por exemplo, considere dois experimentos semelhantes envolvendo estudantes voluntários que pediam trocados a transeuntes.[6] Um deles foi realizado em um centro comercial de San Francisco, o outro ao ar livre, em um cais em Santa Cruz. Em ambos, os mendigos voluntários eram jovens usando roupas típicas de estudantes, como jeans e camiseta, e faziam os pedidos mantendo uma distância de pelo menos um metro do interpelado. À metade dos transeuntes abordados — o grupo de controle — eles pediram 25 ou 50 cents. Os dois apelos foram igualmente bem-sucedidos, rendendo dinheiro em 17% das vezes, embora ocasionalmente provocassem respostas insultuosas como "Vá arrumar emprego" ou "Mendigar é ilegal aqui. Você vai gostar da cadeia que temos aqui". Mas a vasta maioria das pessoas simplesmente continuava a andar. Esmolar era comum naquelas áreas, e os pesquisadores deduziram que poucos transeuntes chegaram a pensar no que era solicitado. Os cientistas julgaram que a maior parte respondeu automaticamente, empregando uma regra mental do tipo "Se um mendigo pedir dinheiro, ignore-o".

Os pesquisadores construíram a hipótese de que poderiam aumentar o sucesso dos pedintes se alterassem o roteiro, de modo a fazer com que os transeuntes considerassem o rogo com atenção. Assim, para a outra metade dos passantes, os estudantes voluntários fizeram um pedido diferente: "Ei, amigo, você pode me dar 37 cents?". Essa era mais ou menos a média da quantia entre os 25 e os 50 cents solicitados pelo grupo original. A ideia era que o número incomum chamaria a atenção dos passantes, fazendo-os abortar a aplicação da regra mental e se conscientizar do pedido. Isso funcionou, aumentando o percentual dos que deram dinheiro aos mendigos no estudo de San Francisco de 17% para 73%. A estratégia de aumentar a adesão em situações nas quais as pessoas normalmente prestam pouca atenção foi apelidada de técnica de choque: você já deve ter visto ocasionalmente, como eu já vi uma ou duas vezes, placas de trânsito determinando um limite de velocidade esquisito, como 53 quilômetros por hora, ou um item numa loja anunciando desconto de 17,5%.

E isso nos traz de volta à emoção: o comportamento reflexo é um aspecto fundamental da nossa herança evolutiva, mas em algum momento a natureza atualizou a abordagem criando um sistema adicional para reagir aos desafios do ambiente — um sistema mais flexível, e portanto mais poderoso. Isso é emoção.

A emoção é um patamar acima no nível do processamento de informações do nosso cérebro. Como veremos, é muito superior à reação reflexa, estrita e baseada em regras. Ela permite que até organismos com cérebros primitivos ajustem seus estados mentais de acordo com as circunstâncias. Isso faz com que a correspondência entre um estímulo e a resposta do organismo varie em função dos elementos específicos presentes no ambiente, ou mesmo que se retarde a resposta. Nos humanos, a flexibilidade adquirida pela emoção também facilita o acesso a informações da nossa mente racional, levando a melhores decisões e a atitudes mais sofisticadas.

A vantagem das emoções

Nem sempre a ciência moderna reconheceu a necessidade da emoção ou suas vantagens em relação ao comportamento reflexo. Na verdade, menos de meio século atrás cientistas como o psicólogo da cognição Allen Newell e o economista Herbert Simon (que ganharia o prêmio Nobel por outro trabalho) ainda sugeriam que o pensamento humano é fundamentalmente reflexo. Em 1972, Newell e Simon apresentaram uma série de problemas de lógica, xadrez e álgebra a um grupo de voluntários e pediram que pensassem em voz alta enquanto trabalhavam para resolvê-los.[7] Eles gravaram as sessões e depois analisaram meticulosamente os relatos dos participantes, ponto a ponto, em busca de regularidades. O objetivo era caracterizar as regras dos processos de pensamento dos participantes a fim de criar um modelo matemático do pensamento humano. Com isso, esperavam obter esclarecimentos sobre a mente humana e descobrir uma forma de criar programas de computador "inteligentes", que fossem além dos limites das etapas lineares da lógica.

Newell e Simon acreditavam que o ato do raciocínio humano — do pensamento humano — nada mais era que um sistema complexo de reações reflexas. Para ser mais preciso, estavam convencidos de que o pensamento poderia ser modelado pelo que se chama sistema de regras de produção. Trata-se de um conjunto de regras rígidas, do tipo "se... então", que, agrupadas, resultam em reações reflexas. Por exemplo, uma dessas regras no xadrez seria: "Se o rei está em xeque, mova-o". As regras de produção esclarecem a maneira como tomamos algumas decisões e, portanto, algumas de nossas ações — por exemplo, quando as pessoas mais ou menos inconscientemente empregam regras como "Se um mendigo pedir dinheiro, ignore-o". Se o pensamento humano realmente fosse apenas um grande sistema de regras de produção, haveria pouca diferença entre nós e um computador que executa um programa algorítmico. Mas Newell e Simon estavam errados, e seus esforços fracassaram.

Compreender a causa desse fracasso esclarece o propósito e a função do nosso sistema emocional. Considere como é possível que um conjunto de regras de produção elabore uma estratégia de ação completa para um sistema simples. Suponha que esteja abaixo de zero lá fora e você queira programar o termostato para manter a temperatura interna dentro de certos limites, digamos, entre 21 e 22 graus. Isso pode ser feito empregando-se as seguintes regras:

REGRA 1: Se a temperatura < 21 graus, ligar o aquecedor.
REGRA 2: Se a temperatura > 22 graus, desligar o aquecedor.

Quer você tenha um aquecedor velho e fraco ou um moderno e inteligente, são regras como essas que formam a base do cérebro do aquecedor.

Esses comandos condicionais compõem um sistema de regras de produção primitivo; conjuntos maiores de regras conseguem comandar tarefas mais complexas. São necessárias cerca de uma dúzia de regras, por exemplo, para representar a maneira como alunos do ensino fundamental fazem contas de subtração, regras como: "Se o dígito inferior for maior que o superior, pegue 1 emprestado do dígito à esquerda do dígito superior". Algumas aplicações mais complicadas exigem milhares dessas regras. Elas podem ser usadas para construir o que os cientistas da computação chamam de "sistemas especialistas", programas destinados a reproduzir o processo de tomada de decisão humana em aplicações específicas, como diagnósticos médicos e subscrições de hipotecas. Nesse tipo de aplicação, a abordagem de Newell e Simon teve sucesso (limitado). Mas as regras de produção não se mostraram um modelo adequado para o pensamento humano.

A essência do equívoco de Newell e Simon é uma consequência da riqueza da vida humana: embora organismos simples como a *E. coli* possam viver segundo um conjunto de regras implicando o reflexo, o mesmo não se aplica a criaturas com vidas mais complexas.

Considere, por exemplo, o que está envolvido na tarefa aparentemente simples de evitar alimentos contaminados ou venenosos. Alguns desses alimentos podem ser identificados pelo cheiro, e há muitos tipos de cheiro "ruim". Outros alimentos prejudiciais indicam sua impropriedade pela aparência, pelo sabor ou pelo tato, que também assumem muitas formas. O leite azedo tem uma aparência e um cheiro bem diferentes do pão mofado. O grau desses indicadores também é importante. Você pode querer comer substâncias que pareçam um pouco suspeitas mas que cheirem bem, dependendo das perspectivas e dos desafios de encontrar alimentos alternativos. Ou você pode evitar um alimento que pareça muito estranho, mesmo que cheire bem. Ou pode comê-lo apesar da aparência, se o seu corpo estiver carente de alimentação. Empregar um conjunto de regras concretas, estritamente definidas e rígidas para todas as situações possíveis do par situação/resposta sobrecarregaria o cérebro de um animal, tornando necessária outra abordagem.

As emoções proporcionaram essa outra abordagem. Em um esquema de ação reflexa, um gatilho específico (por exemplo, o leite cheira levemente a azedo, mas eu não como há dias, e talvez não haja outro alimento nem água por perto) produz uma resposta personalizada e automática (por exemplo, beber o leite). As emoções funcionam de maneira diferente. Os gatilhos são mais genéricos (o líquido parece ter ou tem um cheiro estranho), e o resultado direto não é uma ação, mas um grau de emoção (um pouco de nojo). O seu cérebro então considera essa emoção junto com outros fatores (eu não como há dias; pode não haver outro alimento nem água por perto) e *calcula* a resposta. Isso elimina a necessidade de um enorme catálogo de regras fixas de gatilho/resposta. Também permite uma flexibilidade muito maior: você pode considerar uma variedade de respostas (inclusive simplesmente não fazer nada) e, assim, tomar uma decisão ponderada.

Ao determinar sua resposta a uma emoção, o cérebro leva em consideração vários fatores — nesse caso, o grau de fome, a aversão a ter de se aventurar em busca de outro alimento e outras circunstâncias. É aí que entra em cena a mente racional: quando uma emoção é acionada, nosso comportamento resulta de um cálculo mental baseado em fatos, em objetivos e na razão, bem como em fatores emocionais. Em situações complexas, é essa combinação de emoção e racionalidade que fornece o caminho mais eficiente para se chegar a uma resposta funcional.

Em animais superiores, as emoções também desempenham outro papel importante: permitem uma *defasagem* entre o evento que desencadeia a emoção e a resposta. Isso nos possibilita empregar o pensamento racional para moderar estrategicamente nossa reação instintiva a um evento, ou para adiá-lo, esperando um momento mais oportuno. Por exemplo, vamos supor que seu corpo está precisando de nutrição. Você vê um saco de Doritos. A resposta reflexa seria comer o saco inteiro sem pensar. Mas, como a evolução inseriu uma etapa extra nesse processo, você não come automaticamente qualquer alimento à vista quando seu corpo precisa de nutrição. Em vez disso, você sente a emoção da fome.* Isso o leva a comer, mas agora sua resposta à situação não é automática. Você pode refletir sobre a situação e preferir evitar os Doritos a fim de reservar espaço para o hambúrguer duplo com queijo e bacon que vai comer no jantar.

Ou pense no que você faz quando o atendente da empresa de internet não se mostra extraordinariamente cooperativo quando você liga para falar sobre um problema no serviço. Se os humanos funcionassem por reflexo, talvez você partisse para o ataque e dissesse algo como "Vá para o inferno, seu idiota!". Mas o comportamento do representante só faz você sentir uma emoção, como raiva ou frustração. Essa emoção influencia a maneira como sua mente processa a situação, mas permite a atuação do seu eu racional. Você ainda pode partir para o ataque, mas não será uma reação automática. Assim, tal-

* Nas pesquisas modernas, a fome, bem como a sede e a dor, é chamada de emoção homeostática ou primordial.

vez ignore aquele impulso, respire fundo e diga: "Eu entendo o seu protocolo, mas gostaria de explicar por que ele não se aplica neste caso".

As emoções podem funcionar dessa forma também em animais não humanos, particularmente nos primatas. Veja o livro *Chimpanzee Politics: Power and Sex Between Apes* [Política do chimpanzé: Poder e sexo entre os símios], do etólogo Frans de Waal. É um livro sinistro, se você for um chimpanzé. De Waal descreve como um jovem macho, excitado por uma fêmea receptiva, fica à espera, com a cooperação dela, até encontrar um jeito de acasalar fora do alcance de visão dos machos dominantes, que podem puni-lo pelo ato.[8] Ou como o macho alfa, desafiado por um macho mais jovem durante sua ronda de catação entre os correligionários, pode ignorá-lo na hora mas atacar numa represália agressiva no dia seguinte. E a mãe que, ao ter o filhote levado por uma jovem fêmea, a persegue até ter a oportunidade de pegar o filho de volta sem risco de machucá-lo.

Diz David Anderson, professor do Instituto de Tecnologia da Califórnia (Caltech) e membro da Academia Nacional de Ciências:

> Em uma ação reflexa, a partir de um estímulo muito específico, você obtém uma resposta específica e imediata. Se esses forem os únicos estímulos que você encontra e essas forem as únicas respostas de que precisa, tudo bem. Mas em algum ponto da evolução os organismos exigiram maior flexibilidade, e os componentes básicos da emoção evoluíram para propiciar isso.[9]

As moscas-das-frutas choram?

O fato de Anderson estar interessado no papel das emoções, não só em humanos, mas também em organismos mais primitivos em termos evolutivos, não surpreende. Seu primeiro projeto de pesquisa, realizado quando ainda era estudante de graduação nos anos 1970, foi sobre os sinais moleculares ativados quando uma vieira entra em conflito com sua rival, a estrela-do-mar.[10] Segundo Anderson, a chave para entender a emoção está nessa pesquisa. Ele procura explicar por que os processadores de informação biológica (ou seja, os organismos) desenvolveram a capacidade de emoção e como ela influencia esse processamento (ou seja, o "pensamento").

Muitas pessoas observam que seu cão ou seu gato parece ter emoções, mas e os animais mais simples? "Quando falo do meu trabalho sobre o tema, tendem a pensar que eu sou louco." Anderson ergueu uma sobrancelha ao dizer isso, como que me convidando a especular sobre o assunto. Eu não achei que ele era louco, mas também não ficou imediatamente óbvio para mim se seu trabalho também não era. Anderson faz pesquisas sobre emoção em moscas-das-frutas.

Perguntei o quanto se poderia aprender sobre a emoção humana estudando minúsculas criaturas com tendência a mergulhar como camicases na minha taça de vinho. Anderson deu uma risada — sim, como muitos humanos, moscas-das-frutas gostam de vinho, e às vezes pagam com a vida por isso. Por alguma razão o assunto nos fez começar a falar sobre bares. Contei a ele sobre uma ocasião em que, tarde da noite, eu estava andando pelas ruas de Manhattan e, atraído pela música, entrei em um bar. Assim que entrei, o que mais me impressionou foi o grande número de frequentadores, todos mais ou menos com a idade de estudantes universitários. Além disso, a música, já alta do lado de fora, era *desagradavelmente* alta lá dentro. "Isso faz mal aos seus ouvidos", eu disse ao segurança gigante. Ele deu uma risadinha e respondeu: "Se você fosse perder a audição, na sua idade isso já não teria acontecido?".

Saí de lá, mas depois descrevi a cena ao meu filho Nicolai. "Isso é bem normal", ele me disse. "A gente vai com um ou dois amigos, pega uma bebida e conversa enquanto examina o local. Quando identifica algum alvo, se aproxima e conversa com ela ou com ele. Se depois de algumas palavras parece haver alguma conexão, você passa para a pista de dança, onde experimenta o lado físico. Se der certo, a gente sai junto e acasala (embora ele tenha usado um termo diferente). Ou às vezes não. Às vezes a pessoa já tem alguém importante na vida." "E o que acontece se já tiver?", perguntei. "A gente se sente rejeitado e vai tomar alguma coisa", respondeu.

Os detalhes desse ritual são uma mistura do antigo e do novo, e ao longo dos tempos foram motivados por emoções humanas como lascívia e amor. Será realmente possível aprender alguma coisa sobre essas complexas paixões humanas estudando as moscas-das-frutas? — perguntei a Anderson. Acabou que levantei a bola para ele cortar: acontece que as moscas-das-frutas, ao que parece, seguem um ritual de acasalamento surpreendentemente semelhante ao de Nicolai e seus amigos.

No mundo da mosca-das-frutas, o macho inicia o ritual aproximando-se da fêmea. Não há frases de efeito, claro. Em vez disso, o macho toca nela com a pata dianteira. Também há música, gerada pela vibração das asas do macho.[11] Se aceitar o avanço, a fêmea não faz nada, e o macho assume o comando a partir daí. Mas nem todas as moscas-das-frutas fêmeas são receptivas; se tiverem um namorado — isto é, se já acasalaram com outro macho —, elas rejeitam o avanço. Fazem isso batendo no macho com as asas ou as patas, ou fugindo. E agora vem a piada: como eu já disse, as moscas-das-frutas gostam de álcool, e se o macho for rejeitado e houver uma fonte etílica disponível, é provável que responda como Nicolai, tomando alguma coisa.[12]

Portanto, as moscas-das-frutas têm muito em comum com Nicolai. Mas será que são motivadas pela emoção, como ele? Ou agem por reflexo, seguindo roteiros fixos codificados em seu ritual de acasalamento? E como realizar experimentos para determinar o que é o quê? O objetivo de Anderson não era investigar se todos os animais exibem emoções nem demonstrar que os animais não têm comportamento reflexo (como mencionei, até os humanos às vezes têm comportamento reflexo); ele estava simplesmente interessado em saber se a emoção pode ter algum papel importante mesmo entre animais "inferiores".

Essas são perguntas difíceis, pois os cientistas dessa área não têm uma boa definição do termo "emoção", ou nem o aceitam de forma geral. Na verdade, um grupo de estudiosos escreveu um artigo que não fazia mais do que catalogar as várias definições que os pesquisadores da emoção já utilizaram.[13] Eles encontraram 92. E assim, em parceria com Ralph Adolphs, seu colega do Caltech, Anderson decidiu embarcar em uma análise moderna das características definidoras da emoção — em todo o mundo animal —, uma espécie de atualização do trabalho pioneiro de Darwin. Eles identificaram cinco características que mais se sobressaem: valência, persistência, generalização, escalabilidade e automaticidade.

As cinco propriedades dos estados de emoção

Imagine uma antiga ancestral caminhando na savana africana. Ela ouve uma cobra e pula para se afastar. Se as respostas reflexas orientassem todos os aspectos da vida, aquela ancestral continuaria andando sem levar em conta que a presença de uma cobra pode indicar elevada probabilidade de encontrar outras.

Graças às emoções, nossas reações e as de outros animais, até as moscas-das-frutas e abelhas, podem ser mais sofisticadas que isso. Se você estiver caminhando e ouvir uma cobra, seu coração vai continuar batendo forte pelo menos vários minutos depois de ter se afastado dela. Durante esse tempo, mesmo o farfalhar de um roedor na vegetação rasteira faz você se sobressaltar. Isso ilustra as duas primeiras propriedades da emoção que Anderson e Adolphs identificaram: *valência* e *persistência*.

As emoções têm sempre algum valor: podem ser positivas ou negativas, levar à aproximação ou ao afastamento, a sentir-se bem ou mal. Nesse caso, você se afastou. Isso é uma retirada, ou valência negativa. A persistência se refere ao fato de que, mesmo depois de ter se afastado da cobra, sua reação de medo não desaparece de imediato. A sensação perdura, deixando-o num estado hipervigilante. Como identificar erroneamente roedor e cobra tem poucas consequências negativas e reagir lentamente a outras cobras que estejam à espreita pode ser mortal, a persistência da emoção foi útil para ajudar nossos ancestrais a detectar e evitar perigos ambientes. Um exemplo mais moderno vem de minha amiga June, que passou uma hora frustrante e enlouquecedora on-line tentando resolver um problema sério no computador. Pouco depois de solucionar o problema, seu filho de dez anos, jogando basquete dentro de casa, derrubou e quebrou um vaso. Como os sentimentos negativos de Jane não tinham se dissipado de imediato, o que teria sido uma simples repreensão tornou-se um pequeno escândalo.

A terceira característica que sobressai na emoção, segundo Anderson e Adolphs, é a *generalização*. Em uma reação reflexa, estímulos bem definidos levam a respostas específicas. Dizer que os estados de emoção são generalizáveis significa que toda uma variedade de estímulos pode levar à mesma resposta, e, inversamente, que em momentos diferentes é possível exibir uma variedade de respostas ao mesmo estímulo.

Uma primitiva água-viva de laboratório, quando cutucada, vai sempre se encolher e submergir para o fundo da vasilha. É um comportamento reflexo. A água-viva não vai parar para pensar em quem a cutucou antes de reagir, ou por quê, ou se agora é um bom momento para submergir até o fundo da vasilha. Por outro lado, quando criticada injustamente pelo seu chefe, Julie pode reagir de maneiras diferentes. Pode se retirar ou "encarar". A resposta exibida depende não só do evento desencadeador, mas também de vários outros fatores que seu cérebro leva em consideração ao calcular a reação. Ela tem se dado bem no trabalho ultimamente? Como está o humor do chefe hoje? Como anda o relacionamento entre os dois?

A *escalabilidade* é a quarta característica que diferencia os estados de emoção do mero comportamento reflexo. Em uma reação reflexa, a ocorrência de um estímulo provoca uma resposta fixa. Mas os estados de emoção e as respostas produzidos pelos estímulos podem ter escala de intensidade.

Dependendo do que mais estiver acontecendo na sua vida ou no momento, um incidente específico o deixa um pouco triste, com os cantos da boca caídos. Ou o deixa muito triste, com os olhos lacrimejantes. Os estados de emoção dão margem a um gradiente de intensidade de reações ao mesmo estímulo, dependendo de uma gama de outros fatores relevantes. Um barulho estranho vindo do quarto ao lado quando você pensava estar sozinho talvez o faça ter um pouco de medo, se for meio-dia, mas muito medo se for meia-noite. A diferença na reação é uma distinção útil com base no seu conhecimento do mundo (nesse caso, especificamente, seu conhecimento da hora em que a probabilidade de arrombarem sua casa é maior). Isso é possível pela escalabilidade da emoção, e não é uma característica da abordagem tipo "tamanho único" do processamento reflexo.

Finalmente, Anderson e Adolphs dizem que as emoções são *automáticas*. Isso não significa que você não tenha controle sobre a emoção. Significa que, assim como os reflexos, as emoções surgem sem intenção ou esforço da sua parte. No entanto, embora surjam automaticamente, ao contrário dos reflexos as emoções não causam uma resposta automática.

Quando alguém passa à sua frente na fila, a raiva vem automaticamente; mas como você não quer fazer uma cena (ou porque o fura-fila é um grandalhão), você pode tentar não expressar a raiva. Se estiver num jantar e de repente comer o que depois percebe ser rim, e você odeia miúdos, o nojo é automático, mas é possível fazer um esforço para não vomitar e não ofender o anfitrião. Esse tipo de controle sobre as emoções é mais pronunciado nos seres humanos adultos. As crianças têm muito menos controle, pois essa habilidade está ligada ao amadurecimento do cérebro. É por isso que leva algum tempo para ensinar uma criança a não cuspir a comida de que não gosta.

Experimentos de laboratório sobre as emoções

Um dos aspectos interessantes da classificação das emoções de Anderson-Adolphs é que cada uma das características identificadas pode ser testada em laboratório, mesmo em animais primitivos. Isso nos leva de volta à mosca-das-frutas. Em uma série de experimentos originais, Anderson e outros pesquisadores conseguiram mostrar que esses insetos reagem com base em estados emocionais — caracterizados por valência, persistência, generalização, escalabilidade e automaticidade —, e não apenas por reflexo, em diversas situações.

Por exemplo, as moscas-das-frutas se assustam com certos eventos, como o surgimento súbito de uma sombra ou quando sentem uma lufada de ar, pois podem indicar a presença de um predador nas imediações. Será um reflexo ou elas estão mesmo com medo? Para investigar isso, os cientistas criaram um ambiente no qual assustavam os insetos quando eles se alimentavam. Isso apresentou à mosca-das-frutas uma escolha importante. Se ela fugir ou voar e não houver predador por perto, será uma perda de tempo e energia, e ela terá de voltar mais tarde para compensar as calorias queimadas. Mas se não fugir e houver um predador por perto, pode ser devorada.

Anderson descobriu que, na primeira vez em que surgia uma sombra, as moscas se afastavam da comida e voltavam depois de alguns segundos. No entanto, na segunda vez em que surgia a sombra, elas mudavam a resposta: afastavam-se de novo, mas continuavam afastadas por mais tempo. Como nos dois casos o gatilho era o mesmo — a sombra —, mas a resposta era diferente, não se tratava de uma reação reflexa.

Além do mais, a resposta da mosca-das-frutas exibia claramente valência, pois ela tentava evitar a sombra. Também exibia persistência e escalabilidade: o primeiro incidente pôs a mosca em um estado de temor que persistiu e até aumentou com a segunda aparição da ameaça.

Essas nuances das respostas baseadas na emoção são mais eficazes e eficientes que o simples comportamento reflexo, que pode ditar uma fuga e um afastamento por certo período ao ver a sombra, mas não leva em conta o aumento da probabilidade de perigo implícito no segundo surgimento da sombra.

As moscas-das-frutas que revelavam preferência por alguma bebida alcoólica depois de uma rejeição sexual também pareciam sentir uma emoção persistente — de rejeição — e tentavam reformular esse estado emocional negativo ingerindo etanol, que os experimentos mostraram ser gratificante para elas (as moscas chegam a realizar tarefas para ter acesso a um drinque).[14] Assim como os seres humanos, as moscas-das-frutas variam no grau em que seus estados emocionais exibem as características mencionadas. Como foi comprovado na pesquisa sobre inteligência emocional, ter consciência da dinâmica dos nossos estados emocionais é um componente importante de sucesso na vida. Ajuda a nos motivar, a controlar nossos impulsos, a regular o humor e a responder apropriadamente aos outros.

O cérebro da mosca-das-frutas tem 100 mil neurônios (metade no sistema visual), em comparação com os cerca de 100 bilhões do cérebro humano. É um milionésimo do nosso, mas a mosca é capaz de manobras aerodinâmicas incríveis: sabe andar, consegue aprender, segue rituais de namoro e, o mais impressionante de tudo, demonstra medo e agressividade —

um sinal do papel essencial que as emoções desempenham no processamento de informações em todos os animais.

Nossa mente emocional despontou muito depois que a das moscas-das-frutas, surgida há cerca de 40 milhões de anos. Mas a maior parte da nossa evolução ocorreu muito antes de nos estabelecermos nas cidades. Isso significa que, embora nossas emoções tenham evoluído para ajudar o cérebro a calcular as reações, também é possível que as características que as tornaram úteis há centenas de milhares de anos causem comportamentos inadequados à nossa vida civilizada atual. A generalização pode resultar na exibição de uma resposta adequada para se defender de um predador, mas não para lidar com um motorista que corta a sua frente no trânsito. A escalabilidade possibilita o aumento de intensidade da reação, mas também significa que às vezes você pode "perder a cabeça". A persistência talvez o deixe em um estado hipervigilante o dia inteiro, numa reação exagerada a eventos que ocorreram bem depois de você já ter esquecido o incidente inicial que pôs sua mente em estado de alerta.

Quando eu era criança, via cientistas estudando animais no antigo programa *National Geographic*. Antes de fazer sexo pela primeira vez, eu tinha visto imagens detalhadas de um casal de louva-a-deus copulando. Durante o acasalamento, a fêmea arrancava a cabeça do parceiro com uma mordida. Para um pré-púbere, era informação demais. Ponderei se não haveria ali alguma metáfora oculta. Mas a verdade é que naquela época não havia muitos estudos sobre a sexualidade humana ou mesmo sobre as emoções humanas. Parecíamos entender muito mais sobre o comportamento dos animais do que dos humanos. Era um tempo em que, mesmo entre os psicólogos, era comum pensar que as emoções deviam ser evitadas, até a emoção do amor materno. Assim dizia um manual de educação infantil: "Embora a natureza tenha sabiamente dotado a mãe de um amor incondicional pelos filhos, teria sido melhor se a natureza tivesse equipado a mãe para conseguir controlar sua afeição por meio da razão".[15]

A neurociência do afeto nos ensina uma lição diferente: que a emoção é uma dádiva. Ela ajuda a entender nossas circunstâncias de maneira rápida e eficaz, para reagirmos conforme o necessário; alimenta nosso pensamento racional e nos permite, na maioria dos casos, tomar as melhores decisões; e nos auxilia a nos conectarmos e nos comunicarmos com outras pessoas. Compreender o propósito e a função das emoções não diminui o papel que elas desempenham para tornar nossa vida mais rica; só nos leva a compreender melhor o que significa ser humano.

3. A conexão mente-corpo

Simon era um dos líderes do movimento clandestino antinazista em Czestochowa, na Polônia. O gueto judeu em que vivia era cercado por muros e cercas, isolando-o da vizinhança e, muito provavelmente, selando o destino de seus habitantes. Ainda assim, esses lutadores fizeram o possível para organizar uma resistência.

Ocasionalmente, quando a escuridão envolvia a cidade, alguns deles escapuliam para obter bens e executar ações de sabotagem e roubo. Numa dessas noites, Simon e três companheiros rastejaram até uma cerca de arame farpado que passava por uma área tranquila e isolada. Lá, cavaram até conseguirem se espremer e passar por baixo da cerca para chegar ao outro lado. Simon manteve o arame erguido enquanto os outros rastejavam por baixo. Em seguida foi a vez dele.

A cem metros de distância, um soldado alemão esperava num pequeno caminhão. Ele fora subornado para levá-los ao seu destino daquela noite. Enquanto os companheiros rastejavam em direção ao veículo, Simon passou por baixo da cerca para se juntar a eles. Mas sua roupa ficou presa numa das pontas afiadas do arame. Quando conseguiu se desvencilhar, os outros já haviam embarcado, e o impaciente motorista começou a se afastar.

Simon estava diante de uma escolha e com bem pouco tempo para decidir. Se corresse, provavelmente alcançaria o caminhão. Mas se arriscaria a chamar a atenção e provocar a morte de todos. Se os deixasse seguir, eles teriam de cumprir a missão com um camarada a menos do que o planejado, opção também perigosa. Nem a ação nem a inação o atraíam. Contudo, enquanto o caminhão avançava, Simon percebeu que hesitar equivaleria a optar por ficar para trás. Pesou os prós e os contras rapidamente e decidiu correr para o caminhão.

Quando começou a dar o primeiro passo, ele parou de repente. Não sabia o que o paralisava. Não era medo, segundo me disse. Já havia participado de muitas missões semelhantes — o perigo se tornara rotina —, e, dadas as circunstâncias, a tarefa daquele dia era relativamente fácil. No entanto, seu corpo parecia reagir a alguma coisa. Os alemães os faziam viver como animais. Teria seu eu animal assumido o controle? Será que seus olhos e ouvidos tinham registrado algo suspeito, mas muito sutil para chegar à sua consciência? Ele jamais conseguiu entender o que o seu corpo dizia, mas afinal o impulso de paralisia determinou suas ações: Simon se ajoelhou e viu o caminhão se afastar pela estrada.

O caminhão não tinha chegado muito longe quando um veículo lotado de soldados da ss — a organização paramilitar genocida de Hitler — surgiu aparentemente do nada e saiu em sua perseguição. Os soldados da ss interceptaram o veículo. Um minuto depois, executaram os passageiros. Se não tivesse sido detido por sua reação visceral primitiva, Simon teria sido morto com os outros. Se isso tivesse acontecido, eu não estaria escrevendo este livro, pois doze anos depois Simon, então um refugiado de guerra morando em Chicago, teria seu segundo filho: eu.

Meu pai se emocionou ao me contar essa história, décadas depois do ocorrido. Ele esteve tão perto de ser morto que lutou para dar sentido à sua sobrevivência. Disse que não sentiu medo. Mesmo assim, hesitou. O que o salvou? O que o fez se decidir a recuar quando, em inúmeras situações comparáveis, ele sempre tinha avançado? Não foi uma decisão consciente, baseada em qualquer coisa de que tivesse consciência pela observação. Para ele, a situação parecia rotineira. Sua mente racional disse-lhe para correr atrás do caminhão e se juntar aos camaradas. No entanto, seu corpo sabia algo mais, e isso o deteve.

Se você já se sentiu empacado em algum desafio, quebra-cabeça ou problema e a resposta surgiu de repente enquanto estava envolvido em outra atividade, como correr ou tomar um banho, então passou pela experiência de processamento de informações "em segundo plano" de sua mente inconsciente, de um modo que você nem percebe. Hoje sabemos que quando o corpo está em estado de alerta máximo a mente inconsciente se engaja em uma atividade semelhante à de resolução de problemas, com o objetivo de mantê-lo seguro. Seu cérebro inconsciente torna-se hiperconsciente do seu estado corporal e das ameaças ao redor, e começa a trabalhar para calcular se sua sobrevivência está em perigo e, em caso afirmativo, o que deve ser feito a respeito. Dessa interação de mente, corpo e sentidos surge uma intuição ou impulso visando à autopreservação.

Foi isso que levou meu pai a ignorar sua vontade consciente de se juntar aos companheiros: enquanto a parte consciente de sua mente ponderava um conjunto de fatos e objetivos, seu inconsciente analisou informações adicionais, pistas sutis sobre o ambiente e seu estado corporal que não chegaram à consciência. A origem dessa consciência primordial do perigo é um tipo de sensor embutido no cérebro que monitora nossa condição corporal e as ameaças do ambiente. Para descrever esse sistema sensor, o psicólogo James Russell cunhou o termo "afeto central".

Afeto central

Afeto central é um reflexo da viabilidade física, uma espécie de termômetro cuja leitura reflete a sensação geral de bem-estar que você tem, com base em dados sobre seus sistemas corporais, informações sobre eventos externos e pensamentos sobre o estado do mundo. Assim como a emoção, o afeto central é um estado mental. É mais primitivo que a emoção e surgiu muito antes na linha do tempo evolutiva. Mas influencia o desenvolvimento da experiência emocional que temos, proporcionando uma conexão entre a emoção e o estado corporal. A conexão entre o afeto central e a emoção ainda não está bem compreendida, mas os cientistas acreditam que seja um dos fatores ou ingredientes mais importantes a partir dos quais as emoções são construídas.

Enquanto a emoção tem as cinco características principais delineadas por Anderson e Adolphs — e pode assumir várias formas específicas, como tristeza, felicidade, raiva, medo, aversão e orgulho —, o afeto central apresenta apenas dois aspectos. Um é a valência, que pode ser positiva ou negativa e descreve o estado de bem-estar; o outro é a excitação, referindo-se à intensidade da valência, à intensidade do quanto ela é positiva ou negativa. Afeto central positivo significa que seu corpo parece estar bem; o afeto central negativo soa o alarme; e se a excitação for elevada, o alarme é tão alto e urgente que se torna difícil ignorá-lo.

Embora seja principalmente um reflexo da condição interna, o afeto central também é influenciado pelo ambiente físico. Reage à arte e ao entretenimento, às cenas engraçadas ou trágicas de um filme. E é afetado diretamente por medicamentos, produtos químicos, tanto estimulantes quanto calmantes, e drogas que provocam euforia. Na verdade, as propriedades que muitas substâncias têm de alterar o afeto central são precisamente o motivo pelo qual muita gente as ingere — substâncias que aumentam a excitação, calmantes para reduzi-la e outras drogas, do álcool ao ecstasy, para ajudar a induzir sentimentos de positividade.

O afeto central está sempre presente, assim como o corpo sempre tem uma temperatura, mas você só toma consciência disso quando se concentra nele, como quando alguém lhe pergunta como você está ou quando você faz uma pausa para refletir sozinho sobre isso. Às vezes o afeto central varia visivelmente de momento a momento, mas também pode ser mais ou menos constante por longos períodos. Enquanto experiência consciente, os psicólogos descrevem a valência como o grau de prazer ou desprazer que se tem em determinado momento. É o que você sente quando fica alegre por estar saudável, seu dia vai indo bem e você fez uma boa refeição, ou fica infeliz porque está resfriado e com fome.

A excitação como experiência consciente é caracterizada pelo grau de energia que você sente: animado, em uma extremidade do espectro, talvez por estar ouvindo uma música que mexe com você ou participando de uma manifestação política que o entusiasme; sonolento ou letárgico no outro extremo do espectro, talvez por se sentir entediado durante uma aula na escola (embora eu não consiga imaginar isso acontecendo quando *eu* dava aulas).

Na gênese de uma emoção, acredita-se que o afeto central representa um input para o corpo que, quando combinado com as circunstâncias em que você se encontra, o contexto dessa situação e a experiência prévia, produzirá as emoções que você vivencia. É admissível pensar nele como uma espécie de estado básico que pode influenciar as emoções em qualquer situação específica e as decisões daí resultantes — decisões normalmente atribuídas à intuição —, como a resolução do meu pai de ficar onde estava. É, portanto, um elo crucial entre corpo e mente, conectando a condição física com pensamentos, sentimentos e decisões.

Se você ganhar 10 mil dólares na loteria, provavelmente vai se sentir feliz o dia todo e por muito tempo depois. Enquanto isso, seu afeto central também pode aumentar tanto em valência positiva quanto em grau de excitação; afinal, a montanha de dinheiro é uma boa notícia para sua sobrevivência em geral. Mas o afeto central está mais ligado ao seu bem-estar físico do que ao financeiro. Por isso, apesar da boa notícia, ele pode ficar negativo se você estiver com fome por não ter almoçado; diminuir em grau de excitação quando você se sentir cansado; e entrar em queda livre se você bater a cabeça no batente de uma porta — e então se recuperar, alguns minutos depois.

Para entender como funciona o afeto central — e a importância da conexão mente-corpo — é útil voltar aos textos do físico Erwin Schrödinger, ganhador do Nobel que, escrevendo nos anos 1940, definiu a vida como uma batalha contra a lei da entropia.

Essa lei se refere à tendência natural dos sistemas físicos de se tornarem mais desordenados com o tempo. Por exemplo, se você pingar uma gota de tinta num copo d'água, ela não vai manter aquela bela forma de gota por muito tempo, pois logo se tornará amorfa e se espalhará por todo o líquido. A maioria dos objetos altamente ordenados na natureza acaba sofrendo esse destino. Mas a tendência da entropia ou da desordem para aumentar é absoluta somente para sistemas isolados; não precisa ser válida para objetos que interagem com seus arredores. As formas de vida são sistemas desse tipo; interagem em parte consumindo alimentos e absorvendo a luz do sol, e essas interações permitem que superem a lei da entropia. Um bloco cristalino de sal deixado exposto aos elementos acabará se partindo ou se dissolvendo na chuva. Uma coisa viva tomará alguma atitude para impedir sua destruição. Essa é a propriedade que define a vida, disse Schrödinger: vida é matéria que se opõe ativamente à tendência da natureza a aumentar a entropia.

A batalha para manter a vida é travada em vários níveis. Os "átomos" da vida são as células que constituem o nosso corpo, e cada célula individual executa processos que ajudam a evitar o aumento da entropia. Mas o sucesso de uma célula não é eterno. Um encontro com muito calor ou muito frio, ou com o produto químico errado, pode romper a célula, fazendo-a se dissipar, cessar sua curta existência como algo vivo ou, como diz a Bíblia, ir do pó ao pó. Em um organismo multicelular, a batalha contra a desordem também é travada em maior escala. Nos animais, o cérebro e/ou o sistema nervoso atuam para regular órgãos e processos corporais e manter sua função dentro de certos parâmetros a fim de funcionarem perfeitamente juntos e preservarem a vida. "Homeostase", termo formado pelas palavras em grego para "igual" e "estável", refere-se à capacidade de um organismo, ou de uma célula individual, de manter sua ordem interna estável, mesmo diante de mudanças no ambiente que possam ameaçá-la. O termo foi popularizado pelo médico Walter Cannon em seu livro *A sabedoria do corpo*, de 1932, que detalha como o corpo humano mantém sua temperatura e outras condições vitais como níveis de água, sal, açúcar, proteína, gordura, cálcio e conteúdo de oxigênio do sangue dentro de uma faixa aceitável.[1]

A luta contra ameaças à homeostase exige monitoramento e ajuste constantes. Na escala microscópica, as células percebem seu estado interno e as condições externas e reagem de acordo com a programação fixa que evoluiu ao longo de éons. À medida que os organismos multicelulares evoluíam, cada célula mantinha esses processos, mas mecanismos de nível superior, como o afeto central, também evoluíam.

Afeto central, nesse contexto, é um estado neurológico em animais superiores que atua como uma sentinela contra ameaças à homeostase e influencia o organismo a responder nesse sentido.[2] Como eu já disse, com apenas duas dimensões — valência e excitação —, o afeto central é diferente do estado nuançado que tradicionalmente atribuímos à emoção. E embora as experiências emocionais, como o medo, pareçam surgir de redes com nódulos em muitas regiões do cérebro, o afeto central está correlacionado à atividade em duas regiões específicas.

Valência — agradável ou desagradável, positiva ou negativa, boa ou ruim (ou um meio-termo) — corresponde às mensagens "Está tudo bem" ou "Algo está errado". Ela tem origem no córtex orbitofrontal, uma parte do córtex pré-frontal logo acima das órbitas oculares.[3] É associada a tomadas de decisão, controle de impulsos e inibição da resposta comportamental

— todas tarefas que teriam sido importantes na hesitação de meu pai perto da cerca, naquela noite.

A dimensão da excitação do afeto central representa o alerta neurofisiológico — o estado de responsividade da pessoa aos estímulos sensoriais. É uma medida da magnitude dessa responsividade — forte ou fraca, energizada ou enfraquecida. A excitação se relaciona com a atividade da amígdala, pequena estrutura em forma de amêndoa conhecida por seu papel na geração de uma série de emoções.[4]

Esse afeto central está correlacionado com a atividade no córtex orbitofrontal, e a presença da amígdala aí não é acidental. Essas estruturas são conhecidas por desempenharem importante papel nas tomadas de decisão e têm extensas conexões com áreas sensoriais e regiões do cérebro envolvidas na emoção e na memória. Elas têm acesso contínuo a informações sobre o estado do seu corpo e do ambiente ao redor. Ao integrar essas informações, o afeto central considera se o estado homeostático do corpo e as circunstâncias externas vigentes são adequados à sobrevivência e fornecem uma subcorrente apropriada que afeta todas as nossas experiências e cada ação que realizamos.

Quando os juncos apostam

O poder do afeto central foi bem ilustrado por um experimento de Thomas Caraco, biólogo da Universidade de Rochester que estudou o fenômeno nos anos 1980, muito antes de se tornar um assunto de interesse da psicologia, antes mesmo de o termo ter sido cunhado.[5] Para sua pesquisa, Caraco capturou quatro indivíduos de uma espécie de pássaro canoro, juncos de olhos escuros, no interior do estado de Nova York, manteve-os em viveiros separados e realizou 84 experimentos com eles.

Em um dos experimentos, os pássaros podiam escolher entre duas bandejas com um alimento de que gostavam, sementes de painço. Nas sessões de treinamento, os juncos aprenderam que uma bandeja tinha certo número fixo de sementes, enquanto na outra o número variava, embora na média fosse igual ao da primeira bandeja. Nos testes experimentais, as duas bandejas eram oferecidas simultaneamente, cada qual numa extremidade do viveiro, equidistantes do poleiro da ave faminta, que tinha de escolher em qual delas se alimentar. Isso imita um intercâmbio frequentemente encontrado na natureza e na vida: aceitar algo garantido ou apostar em conseguir algo melhor sob o risco de acabar ficando com algo pior.

O truque do experimento era que as aves eram mantidas em temperaturas diferentes, e a variação do estado corporal afetava a escolha: quando aquecidas (correspondendo ao afeto central positivo), elas preferiam a opção fixa, mas quando estavam com frio (afeto central negativo), escolhiam a aposta. Isso faz sentido, pois quando os juncos estavam quentes a opção do número de sementes fixo era suficiente para alimentá-los, então por que arriscar? Mas quando estavam com frio precisavam de mais calorias para manter a homeostase, e assim só a segunda bandeja, embora fosse uma aposta, oferecia a possibilidade de obter as calorias de que precisavam.

Esse é o tipo de escolha que fazemos o tempo todo na sociedade humana. Imagine que o emprego A pague mais do que o emprego B, mas ofereça menos segurança. Se ambos os empregos atenderem às suas necessidades de renda, você pode se sentir inclinado a aceitar o emprego mais seguro e com menor remuneração. Não sendo esse o caso, você pode se sentir mais inclinado a se arriscar no trabalho mais lucrativo. É duvidoso que os juncos utilizem o mesmo tipo de raciocínio consciente que fazemos para tomar essas decisões, mas monitorando seu próprio estado corporal e levando-o em consideração em seus cálculos mentais instintivos — isto é, pela influência do afeto central —, eles chegaram à mesma conclusão a que teria chegado um profissional utilizando a matemática de análise de risco.

Embora nós humanos tenhamos o poder do pensamento lógico, nosso afeto central nos estimula a pensar, agir e sentir de uma determinada maneira, assim como os juncos. Todos reagimos de forma diferente, em momentos diferentes, à mesma situação, e essa diferença na resposta muitas vezes se deve à influência oculta do afeto central. Assim, entender o poder do afeto central é uma parte importante para se ampliar a perspectiva sobre como você reage aos outros e como é tratado por eles.

Se num sábado de manhã, depois de um bom desjejum e uma saborosa xícara de café, você receber uma ligação de telemarketing, poderá reagir com educação. Seu nível de conforto permite que dê uma resposta motivada pela empatia com a situação difícil de uma pessoa desesperada o suficiente para aceitar esse tipo de emprego. Por outro lado, se você acordar com dor de garganta e tosse, pode xingar quem estiver ao telefone e desligar o aparelho, concentrado no ressentimento de ter sido perturbado numa manhã de fim de semana. Seu comportamento em ambos os casos é tanto um reflexo de seu estado psicológico quanto uma reação ao evento. Em situações particularmente delicadas, é bom ter em mente que a resposta de alguém às suas palavras ou ações pode ser influenciada tanto pelo afeto central dessa pessoa quanto por alguma coisa que você tenha dito ou feito.

O eixo intestino-cérebro

A comunicação do afeto central com a mente ocorre por meio de neurônios, mas também pela ação de moléculas que circulam no sangue ou estão distribuídas pelos órgãos, como os neurotransmissores serotonina e dopamina. O afeto central é um elemento essencial na conexão mente-corpo, que agora sabemos ser mais forte do que os cientistas costumavam pensar, mesmo uma ou duas décadas atrás. A reviravolta foi tão radical que ideias antes consideradas quase "malucas" agora são parte do pensamento corrente. Por exemplo, considere o recente reconhecimento pela ciência acadêmica da meditação e da prática da atenção plena (*mindfulness*); ainda que os praticantes não expressem dessa forma, ambas são caminhos para estar sempre consciente do afeto central.

As raízes evolutivas da conexão mente-corpo remontam ao início da própria vida. Muito antes do surgimento dos animais, antes da evolução de olhos, ouvidos e narizes, organismos primitivos como as bactérias já podiam sentir outros organismos e moléculas em sua vizinhança imediata e monitorar o próprio estado interno. A evolução ainda não tinha inventado o cérebro, mas esses primeiros organismos reagiam a essas informações ao "escolher" quais processos executar.

John Donne escreveu em 1624: "Nenhum homem é uma ilha, isolado em si mesmo; todo homem é um pedaço do continente, uma parte da terra firme".[6] O mesmo se aplica às células. Como já mencionei, nem as bactérias sobrevivem por conta própria, pois vivem em grupos que se comunicam por meio da liberação de certas moléculas. Dessa forma, a luta de cada célula contra a entropia é auxiliada pela experiência de seus pares. É essa sinalização molecular que permite às bactérias desenvolverem resistência para sobreviver aos antibióticos. Muitos desses medicamentos atuam dissolvendo a membrana da bactéria. Mas, antes de morrer, a bactéria pode emitir um sinal molecular de perigo, fazendo com que as outras se engajem em comportamentos de proteção que alteram sua bioquímica. Se o antibiótico ministrado não for suficiente, a bactéria "aprende" o comportamento evasivo antes que todas sejam eliminadas, e a doença não é debelada. É por isso que seu médico sempre diz para não deixar de tomar o antibiótico antes de concluir todo o período prescrito, mesmo que você ache que já está bem e não precisa mais, porque a doença pode voltar, talvez ainda mais forte.

As bactérias foram das primeiras formas de vida, originadas há quase 4 bilhões de anos, mas sua capacidade de sentir o próprio estado e o do meio ambiente, e de emitir sinais para que outras células possam se ajustar, é a base do afeto central. Como esse mecanismo, adequado para células individuais, evolui para um processo-chave do corpo humano?

Depois das bactérias, o primeiro grande salto em direção aos animais superiores aconteceu cerca de 600 milhões de anos atrás, com a evolução dos organismos multicelulares. Isso levou as colônias bacterianas ao seu extremo lógico. A colônia interativa tornou-se uma única criatura multicelular, e o que era comunicação entre células independentes passou a ser comunicação entre as células do organismo. Com o tempo, diferentes tipos de células evoluíram dentro de um organismo, o análogo dos diferentes tecidos do corpo humano. Logo depois, as células nervosas evoluíram, organizadas no que os cientistas chamam de redes — conjuntos simples de neurônios conectados em uma rede difusa no corpo do organismo, mas sem se concentrar em um órgão separado.

Uma das principais funções das redes nervosas recém-desenvolvidas era fazer a digestão.[7] Isso é vividamente ilustrado na hidra, que nos remete àquela era que o neurocientista António Damásio chama de "sistemas gastronômicos flutuantes". Basicamente tubos que nadam, as hidras abrem a boca, executam o peristaltismo, digerem o que passa flutuando e expelem o resto pela outra extremidade. É no sentir e no reagir executados por organismos como esses que vemos o primórdio do afeto central. Somos muito mais complexos que as hidras, mas nosso sistema de afeto central é essencialmente uma versão "adulta" da capacidade de vigilância corporal que evoluiu nessas criaturas. Na verdade, quando estudam o sistema nervoso do intestino — chamado de sistema nervoso entérico —, os anatomistas encontram uma semelhança notável com essas antigas redes nervosas.

Um sofisticado sistema de nervos às vezes chamado de "segundo cérebro", o sistema nervoso entérico regula e percorre nosso trato gastrointestinal. Só recentemente foi estudado em detalhes, mas o apelido de "segundo cérebro" é bem merecido, pois o sistema nervoso entérico pode tomar suas próprias "decisões" e operar independentemente do cérebro. Inclusive se utilizando dos mesmos neurotransmissores. Por exemplo, 95% da nossa serotonina está no trato gastrointestinal, não no cérebro. Apesar de operar de forma independente, o sistema nervoso entérico e todo o trato gastrointestinal estão intimamente ligados ao cérebro e ao sistema nervoso central. Portanto, a ideia, na cultura popular, de que o intestino está intimamente ligado ao estado mental tem uma sólida base científica.

A conexão entre o intestino e o cérebro é tão importante que tem um nome na ciência: eixo intestino-cérebro. É por meio desse eixo que o sistema gastrointestinal exerce sua descomunal influência sobre o afeto central.

Nossa sensação de bem-estar físico, por exemplo, raramente é afetada pelo que está acontecendo no baço, mas é constantemente afetada pelo estado da digestão. O afeto central, por sua vez, influencia o intestino, formando um círculo de retroalimentação: se você estiver em perigo iminente e o seu afeto central se tornar negativo com a alta excitação, você pode ter azia, indigestão ou uma sensação de "desconforto estomacal". Pesquisas recentes e interessantes mostram que também parece haver uma relação entre distúrbios intestinais e distúrbios psíquicos, como ansiedade crônica e depressão.[8] Há muito se sabe que um cérebro em dificuldades pode perturbar a função do cólon, mas as novas pesquisas sugerem que a seta causal também aponta no sentido inverso: perturbações no intestino contribuem para doenças neuropsiquiátricas. Isso parece se dar por meio de processos bioquímicos complexos; por exemplo, alterações no ambiente bacteriano podem degradar a barreira intestinal, permitindo que compostos neuroativos indesejáveis tenham acesso ao sistema nervoso central.

Do ponto de vista da evolução, as redes nervosas semelhantes ao nosso segundo cérebro precederam cerca de 40 milhões de anos o desenvolvimento do próprio cérebro, em que o processamento neural e a sensação são fisicamente separados de outras funções celulares. A planária, um tipo de verme que tem a capacidade de regenerar partes do corpo, data dessa época, de 560 milhões de anos atrás, quando o cérebro evoluiu como órgão diferenciado. A diferença entre o cérebro e o corpo da planária é tão pequena que, se o cérebro for extirpado, o novo cérebro regenerado pode recuperar as antigas memórias do organismo a partir do sistema corporal remanescente.[9]

Outra ilustração radical da conexão mente-corpo — especialmente na digestão — vem de um experimento surpreendente com camundongos.[10] Os cientistas separaram dois grupos de camundongos, um grupo tímido e outro aventureiro. Depois extraíram os micróbios intestinais de cada grupo e os transplantaram para outro grupo de camundongos, que foram criados para ter um intestino relativamente estéril. Transferir micróbios de um animal para outro parece um exercício exótico, mas pesquisas recentes mostram que os micróbios no interior do intestino são tão influentes no seu funcionamento que transplantar micróbios é como transplantar parte do próprio intestino. E esse "transplante parcial de intestino" teve um efeito espantoso: quando os micróbios se multiplicaram e colonizaram o novo hospedeiro, os camundongos receptores assumiram os traços de personalidade — tímidos ou aventureiros — do grupo cujos micróbios tinham recebido. Além disso, outras pesquisas sugerem que transplantar bactérias fecais de humanos com ansiedade para camundongos pode levar a um comportamento semelhante ao da ansiedade entre os roedores, o que não acontece no caso de transplante de bactérias de humanos mais calmos.[11]

E quanto aos seres humanos? Cientistas já usaram técnicas de ressonância magnética para examinar o cérebro de milhares de voluntários, e compararam a estrutura cerebral com a mistura de bactérias que vivem nos intestinos dos pesquisados. Eles descobriram que as conexões entre as regiões do cérebro diferem de acordo com as espécies de bactéria dominantes. Os estudos sugerem que, como nos camundongos, a mistura específica de micróbios no intestino pode influenciar como nossos circuitos cerebrais se desenvolvem e se conectam. Ainda precisamos de outras pesquisas, mas parece que a influência das bactérias sobre o afeto central dos indivíduos pode ter um papel importante.

Ao saber de tudo isso, um ousado pesquisador médico talvez se pergunte se o tratamento com antibióticos fortes seguido pela ingestão do fluido intestinal de outra pessoa alteraria algum traço indesejado de personalidade. Será que uma semana de penicilina combinada com a ingestão do vômito de uma pessoa feliz transformaria a soturna tia Ida em Mary Poppins? Talvez. Nos últimos anos, os cientistas têm estudado transplantes fecais como tratamento para distúrbios como ansiedade crônica, depressão e esquizofrenia.[12] O campo ainda está engatinhando, mas talvez um dia haja tratamentos desse tipo. Por enquanto, essa pesquisa ilustra que a separação entre cérebro e corpo é artificial. Eles formam uma unidade orgânica totalmente integrada, e o afeto central é uma parte importante do sistema.

Por que nada de bom poderia resultar de um transplante de cabeça

Nos anos 1960, a cultura ocidental estava longe de aceitar a importância da conexão mente-corpo. Se você pesquisar no Google o uso da expressão "mind-body connection" [conexão mente-corpo], entre aspas, na última década, surgirão centenas de milhares de menções. Se pesquisar o mesmo termo na década 1961-1970, só obterá cinco resultados. Dois não estão em língua inglesa. Os outros três incluem um artigo sobre a espiritualidade judaica e a transcrição judicial de um horrível assassinato.

Apesar de sua característica de vanguarda, alguns cientistas visionários na época exploraram a ideia. Um deles foi George W. Hohmann, psicólogo do hospital Veterans Administration (VA) em Long Beach, Califórnia. Hohmann era paraplégico, tendo sofrido uma lesão na medula espinhal enquanto servia na Segunda Guerra Mundial.[13] Esse tipo de lesão pode prejudicar a capacidade de controlar ou ativar músculos, mas a medula espinhal também transmite sinais sensoriais, e por isso as vítimas dessa doença às vezes ficam insensíveis ao calor, ao frio, à pressão, à dor, à posição dos membros e até aos próprios batimentos cardíacos. No VA, Hohmann estava em contato diário com outras pessoas com lesões na medula espinhal. E ponderou: se o estado do corpo é um input importante para as emoções, a falta de feedback corporal diminuiria a intensidade das emoções sentidas por esses pacientes, como parecia acontecer no seu próprio caso? Para saber a resposta, Hohmann investigou a questão entrevistando 26 pacientes do sexo masculino, pedindo que comparassem algumas de suas emoções antes e depois da lesão.[14] Em um artigo agora clássico, ele concluiu que os pacientes paraplégicos pareciam sofrer uma "redução significativa dos sentimentos" de raiva, excitação sexual e medo. Nos últimos anos, outros estudos sobre respostas emocionais entre paraplégicos vieram em apoio a essa descoberta.[15]

Hoje sabemos que a conexão cérebro-corpo nos humanos é tão vital que se alguém pudesse seccionar a medula espinhal e outros nervos, e os vasos sanguíneos que ligam a cabeça ao corpo, e depois suturar cuidadosamente essa cabeça em outro corpo sem cabeça, a ruptura do ciclo de retroalimentação cérebro-corpo seria um fator importante, ameaçando a sobrevivência do novo organismo. O exemplo pode parecer improvável e estrambótico, mas tem havido várias tentativas ao longo dos anos para fazer exatamente isso. Na verdade, os transplantes de cabeça têm uma história tão longa e detalhada que recentemente um cirurgião da Faculdade de Medicina de Harvard escreveu um artigo para um periódico cirúrgico sobre o tema: "The History of Head Transplantation: A Review" [A história do transplante de cabeça: Uma revisão].[16]

O artigo começa descrevendo a primeira tentativa desse tipo, em um cão, realizada há mais de um século pelos cirurgiões Alexis Carrel e Charles Guthrie. O cachorro foi capaz de enxergar, emitir sons e se mover, mas morreu depois de algumas horas. Por seu trabalho em transplantes, Carrel recebeu o Nobel de Fisiologia ou Medicina de 1912. Um cirurgião russo, Vladimir Demikhov, repetiu o feito em 1954, criando um cão que sobreviveu 29 dias — mas não ganhou um Nobel. Nos anos seguintes, cirurgias como essas foram realizadas em camundongos e até em primatas. Em 1970, um macaco rhesus com uma cabeça transplantada sobreviveu por oito dias e foi considerado "normal, sob todos os aspectos".

Todos temos diferentes definições de "normal", e, como alguém que já passou por algumas cirurgias na vida, sei que quando o cirurgião promete que depois da operação você logo voltará ao "normal" é melhor perguntar como ele define essa palavra. Espero que isso não se aplique a sair de maca da sala de cirurgia com a cabeça transplantada. O que o cirurgião queria dizer é que o macaco era capaz de morder, mastigar, engolir, rastrear com os olhos e exibir padrões característicos de eletrocardiograma durante a vigília. E só. Nesse período, o macaco precisou de administração constante de drogas e ventilação mecânica intermitente para não sufocar. Esse macaco, "normal, sob todos os aspectos", não tinha como se balançar de árvore em árvore nem pegar bananas.

Dado esse estado de coisas, ninguém pensaria em realizar uma operação dessas em um ser humano, certo? Acontece que o tópico não é tão absurdo: em 2017, o italiano Sergio Canavero e seu colega chinês Xiaoping Ren anunciaram um plano para transplantar a cabeça de uma pessoa viva no cadáver de um doador recém-falecido, presumivelmente alguém que tinha morrido de um ferimento na cabeça.[17] De acordo com esses médicos, o procedimento seria possível graças a recentes avanços na imunoterapia, para evitar a rejeição da nova cabeça, e na tecnologia de hipotermia profunda, a fim de manter a cabeça viva pelo tempo necessário para ser fixada ao corpo-alvo. O plano é pinçar e seccionar as artérias e veias do pescoço e cortar os nervos da coluna entre a quarta e a sexta vértebras cerebrais, em seguida reconectar tudo enquanto uma bomba mantém o sangue fluindo, a uma temperatura de 29 graus.

Quem se ofereceria para um experimento tão horripilante? Os cirurgiões pareciam confiantes de que encontrariam um bocado de candidatos entre doentes terminais. É possível. Planeja-se fazer a cirurgia na China, pois nenhum instituto americano ou europeu permitiria o procedimento. Mas esses médicos escreveram no periódico *Surgical Neurology International* que não são "cientistas loucos": "Os bioeticistas ocidentais precisam parar de subestimar o mundo", declarou Canavero.

É claro que há muitas razões para que a operação proposta por Canavero seja uma péssima ideia, independentemente de considerações puramente éticas. Não só porque a cirurgia não foi bem testada nem exatamente bem-sucedida em animais inferiores, como também porque custaria cerca de 100 milhões de dólares, e o paciente quase certamente sentiria dores intensas e morreria logo. Tudo isso à parte, dada a grande importância da conexão mente-corpo, como essa cirurgia pode alterar o afeto central do paciente, seu bem-estar emocional e sua psicologia em geral, se for fisicamente bem-sucedida?

Ren e Canavero reconhecem o problema. E discutem o caso de outro transplante, cujo fracasso atribuem à má integração entre o novo corpo e a autoimagem corporal do paciente. "Reconhecemos que aceitar um corpo estranho em lugar do próprio corpo requer resiliência psicológica", escreveram. E estavam falando de um transplante de *mão*.

Paul Root Wolpe, editor do *American Journal of Bioethics Neuroscience*, escreveu:

> Nosso cérebro está constantemente monitorando, respondendo e se adaptando ao nosso corpo. Um corpo inteiramente novo faria o cérebro se envolver em uma reorientação maciça de todos os novos inputs, o que poderia, ao longo do tempo, alterar a natureza fundamental e as vias conectivas do cérebro (o que os cientistas chamam de 'conectoma'). O cérebro não seria o mesmo de quando ainda estava ligado ao seu corpo.[18]

Na verdade, os críticos preveem que os receptores de um transplante de cabeça vão sentir uma dissonância mente-corpo de tal magnitude que possivelmente resultará em "insanidade e morte". Nem é necessário dizer que o corpo precisa de um cérebro para funcionar, mas o cérebro, da mesma forma, precisa de mais do que apenas receber sangue oxigenado; ele demanda seu corpo. O fato de a conexão do cérebro a um corpo ao qual não está acostumado poder levar à morte, por mais tecnicamente esplêndida que seja a fusão, talvez seja o maior sinal da intimidade e da importância da conexão mente-corpo.

O cérebro como máquina de previsão

Em algum ponto da nossa evolução a partir de organismos unicelulares, nós abandonamos boa parte (mas não totalmente) do método de respostas programáticas reflexas ao ambiente em favor da capacidade de fazer cálculos ajustados às especificidades das circunstâncias. E nos envolvermos nessas respostas personalizadas é possível porque temos um cérebro com o poder de prever as consequências de uma situação e de nossas ações.

O fato de nosso cérebro estar continuamente predizendo o futuro é evidenciado pela emoção da surpresa.[19] Todos nós temos um conjunto de experiências e convicções utilizado enquanto a mente inconsciente analisa as informações sobre as circunstâncias atuais, a fim de planejar o que virá em seguida. A surpresa é evocada quando você encontra um evento que não corresponde à previsão do seu cérebro. Isso sinaliza à mente inconsciente que seu esquema pode estar com defeito e precisa de revisão, interrompendo o processamento mental consciente e transferindo a atenção para o evento inesperado, pois o imprevisto pode representar uma ameaça.

A "previsão do futuro" de que estou falando aqui é um processo diferente do empregado para prever as oscilações do mercado de ações ou saber quem será o próximo parlamentar indiciado por mau uso dos fundos de campanha. Está mais para: "Estou ouvindo um farfalhar nos arbustos. A última vez que ouvi um farfalhar nos arbustos um urso saiu e tentou me devorar. Portanto, é melhor eu correr". Ou: "Estou vendo um cogumelo na terra. A última vez que comi um cogumelo assim tive a pior dor de barriga que já senti. É melhor não comer esse cogumelo".

Essas previsões mais modestas, imediatas e pessoais — sobre o que está para acontecer nas proximidades imediatas e no momento seguinte — são a chave para a sobrevivência e uma das últimas coisas que perdemos à medida que envelhecemos. Por exemplo, enquanto escrevo, minha mãe de 98 anos apresenta um déficit na capacidade de raciocinar. Assim, se vamos sair de casa, ela não consegue prever se vai esfriar mais tarde e não pede para levar o casaco. Mas continua com a capacidade de responder no momento imediato, e assim que começar a ficar frio vai me pedir para pegar o agasalho. Se eu puser sua xícara de café muito perto da beirada da mesa, ela fica agitada e me pede para pôr no lugar certo, para a xícara não cair.

À medida que a vida passa, o cérebro está sempre fazendo essas previsões imediatas, preparando você para agir, se necessário, e um dos ingredientes-chave nesses cálculos é o afeto central. Pois, mesmo que seus sentidos forneçam informações sobre as circunstâncias vigentes, é o afeto central que oferece dados sobre o estado do corpo.

É surpreendente, dada a força da influência do afeto central, a frequência com que não temos consciência disso. Se estivermos distraídos, podemos nem notar por um tempo que estamos com frio, com fome ou pegando uma gripe. A capacidade de remediar isso, de desenvolver uma consciência do afeto central, é a chave para assumirmos o controle dos nossos pensamentos e sentimentos. Todos agimos instintivamente para fazer justo isso, alterar nosso estado mental por meio do corpo. Nós nos acalmamos com uma comida reconfortante ou uma taça de vinho, nos animamos antes de um jogo ou da ginástica, ouvindo música, corremos para criar aquela sensação de felicidade e relaxamento que sentimos depois. Quando percebemos a importância do afeto central e aprendemos a nos conscientizar dele verificando sua "temperatura", podemos agir de forma consciente e proativa para regulá-lo, transformá-lo e entender seu efeito sobre os nossos sentimentos e comportamentos.

A influência oculta do afeto central

Nós vivemos em sociedades tecnológicas, que exigem tomadas de decisão complexas em relação a todos os aspectos da vida — relacionamentos, emprego, investimentos, representantes eleitos, assistência médica e muitas outras situações sociais e financeiras que se estendem para muito além do lugar e do tempo imediatos. O afeto central influencia essas previsões e decisões, mas evoluiu quando ainda vivíamos de uma forma bem mais primitiva. A evolução trabalha devagar; por isso, o que funcionou nos últimos 500 mil anos não é mais necessariamente a melhor abordagem para os últimos 500 anos ou para hoje. Por essa razão, nos nossos dias nem sempre a influência do afeto central é benéfica.

Considere o caso de Kamal Abbasi, que depois de cinco anos na prisão finalmente compareceu perante o juízo de liberdade condicional. Ele fora condenado por compra de ingredientes químicos que poderiam ser usados para fazer um poderoso explosivo. Os produtos químicos foram encomendados no que acabou se revelando um site falso, criado como parte de uma operação secreta. Abbasi, então com dezenove anos, não planejava nenhum ato terrorista. Alguém que ele considerava amigo encomendou o material no computador pessoal de Abbasi e mentiu sobre o propósito da compra. Mas o juiz do processo sumário de Abbasi não se convenceu de sua história e o declarou culpado. Agora, tendo se revelado um prisioneiro exemplar, ele solicitava liberdade condicional antecipada.

Os detentos que comparecem perante esses juízos de liberdade condicional podem ter sido condenados por vários tipos de acusação, de crimes menores a assassinatos. Os auditores têm apenas duas possibilidades: ou atender ao pedido do preso e libertá-lo com base no bom comportamento passado e previsível no futuro, ou negar a soltura.

Em sua audiência, Kamal Abbasi não repetiu sua explicação sobre ter sido enganado; a condenação já eram águas passadas. Preferiu argumentar que tinha sido um cidadão exemplar na cadeia. Nunca teve problemas enquanto estava encarcerado. Engajou-se em trabalhos voluntários fora da prisão. Fez cursos universitários on-line. E ficou noivo da namorada que tinha na época da condenação, com quem se relacionava desde a infância.

Abbasi esperou ansiosamente por essa audiência, todos os dias, durante cinco anos, trabalhando com diligência, investindo em seu comportamento toda a esperança no futuro. Agora, ao que parecia, a promessa de deixar a bobeada para trás e construir uma vida decente se resumia àquela única audiência de onze minutos, pouco antes do almoço. Quando soube da decisão, ficou arrasado: seu pedido fora negado.

Após a audiência, ele lamentou o que deveria ter dito ou feito mas deixou de dizer ou fazer. Como poderia ter alterado a decisão dos que o julgaram?

O que ele não sabia era que suas chances de receber a liberdade condicional dependiam muito menos de suas ações nos últimos cinco anos que de uma situação aparentemente irrelevante: o momento em que seu caso foi apresentado. Como era o último caso da sessão daquela manhã, as chances de obter liberdade condicional eram praticamente nulas.

É algo chocante, mas é verdade. Os juízes que decidem sobre liberdade condicional ouvem dezenas de casos todos os dias, e em cada caso precisam julgar não só o futuro do prisioneiro em questão, mas também o futuro dos que o prisioneiro pode afetar se for libertado. Negar uma liberdade condicional requer pouca explicação; conceder é exaustivo. Exige uma justificativa: o juiz da audiência precisa considerar e aceitar evidências convincentes da reabilitação do detento e ter certeza de que nenhum dano à sociedade resultará de sua libertação. Uma decisão errada pode resultar em assassinato ou outro crime violento. Os juízes são enérgicos no início do dia e após os intervalos, mas vão se cansando com o desfile constante de caso após caso que precisam considerar entre os intervalos e no decorrer do dia. Na hora do café com biscoitos, pouco antes do almoço e no final de cada dia, os membros das cortes tendem a estar famintos e exaustos, e seu estado corporal negativo exerce uma tremenda influência sobre suas decisões.

As consequências disso são preocupantes: em estudo recente que logo se tornou um clássico, cientistas reuniram estatísticas sobre 1112 casos envolvendo oito juízes com uma média de 22 anos e meio de experiência no trabalho.[20] E constataram que, em média, 60% das vezes em que os juízes concederam liberdade eram ou o primeiro caso apresentado no dia, ou o primeiro após o intervalo para o café/almoço. Como mostra o gráfico a seguir, a taxa em que a liberdade condicional foi concedida caiu consistentemente nos sucessivos casos, até que, entre aqueles ouvidos antes do intervalo seguinte, a liberdade condicional quase nunca foi concedida.

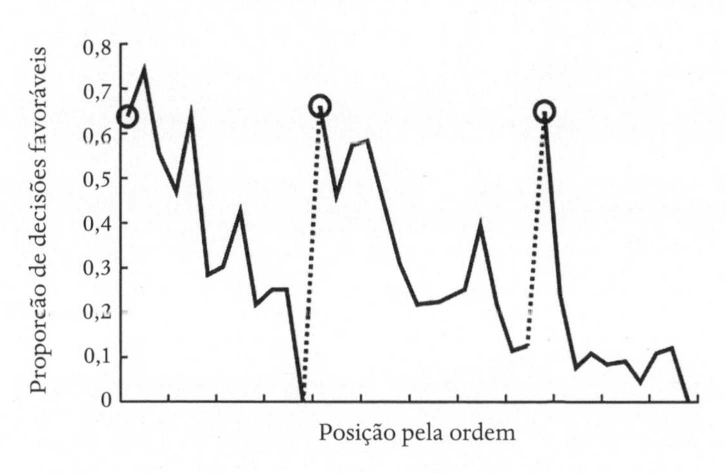

Proporção de decisões favoráveis aos detentos em relação à ordem do julgamento. Os círculos indicam a primeira decisão em cada uma das três sessões; as marcas no eixo x indicam cada terceiro caso; a linha pontilhada indica os intervalos para refeições.[21]

Como o afeto central reflete o estado do corpo, à medida que ficamos mais cansados e famintos ele se torna mais negativo. Isso afeta nossas decisões — ficamos mais desconfiados, críticos e pessimistas —, e em geral sem percebermos. Quando indagados sobre suas decisões, cada um dos juízes das audiências apresentou seus próprios motivos racionais. Não reconheceram ou admitiram a influência do afeto central, as emoções que interferiram em seus sentimentos e nas decisões que tomaram. Como se sabe tão pouco sobre o impacto do afeto central nas decisões tomadas nessas audiências — decisões que literalmente mudam a vida dos que se submetem às sessões —, esse sistema injusto continua vigente.

Outra pesquisa descobriu efeitos análogos em muitos contextos diferentes. Em um estudo de 21 mil consultas de pacientes com duzentos médicos diferentes, por exemplo, os pesquisadores analisaram a decisão dos médicos de prescrever antibióticos. Pacientes que apresentam uma provável doença viral costumam pedir esse tipo de medicamento, apesar de os antibióticos não terem efeito sobre os vírus. Nesses casos, o melhor é os médicos resistirem à demanda, mas isso exige energia mental. Os pesquisadores descobriram que no início do dia de trabalho os médicos prescreviam antibióticos para mais ou menos um em cada quatro pacientes que os solicitavam, mesmo sem necessidade do medicamento. Essa proporção aumentava continuamente ao longo do dia, até que, no final, era de um em cada três pacientes.[22] Os médicos passam por muitos anos de intensos estudos para exercer a profissão, mas, ainda assim, a exemplo dos juízes da condicional, suas decisões são influenciadas não só pelos fatos, mas pelo cansaço.

Haver dinheiro em jogo parece não eliminar esse efeito. Por exemplo, outro estudo analisou a divulgação dos lucros trimestrais de grandes corporações. Trata-se de uma teleconferência entre a administração de uma empresa de capital aberto, analistas, investidores e a mídia para debater os resultados financeiros da empresa no trimestre anterior. Os pesquisadores descobriram que, em média, os analistas e investidores tornam-se cada vez mais negativos à medida que o dia avança, e que os preços das ações caem sob o efeito negativo das discussões no formato de perguntas e respostas no final do dia.[23]

O fato de estar com fome afeta o comportamento e as decisões humanas exatamente como no estudo sobre os juncos. Homens abusivos em relacionamentos conturbados, por exemplo, mostraram-se significativamente mais agressivos em situações de afeto central negativo causadas por baixo nível de açúcar no sangue.[24] Mesmo alimentos com sabor desagradável podem ter um efeito negativo. Em um experimento, os participantes que foram convidados a tomar um líquido amargo e de gosto ruim foram considerados mais agressivos e hostis que os de um grupo de controle que não tomou o líquido.[25]

Durante a maior parte da evolução animal, o afeto central tem sido um dos principais guias no processo de tomada de decisão, uma parte fundamental do aparato que permite aos organismos sobreviverem aos desafios da natureza, ajudando a garantir os cuidados com o corpo e com o seu funcionamento adequado. Hoje vivemos em um mundo mais seguro; contudo, o afeto central continua a ser vital para orientar nossa atenção e cuidar das nossas necessidades corporais. Ele nos orienta a descansar quando estamos com sono ou doentes, a evitar excessos de calor ou de frio, a saciar a fome e a sede.

Porém, como mostraram os exemplos mencionados, um afeto central negativo pode ter efeitos colaterais indesejados. Você recebeu uma multa de estacionamento de manhã, perdeu o cartão de crédito à tarde e começou a ter uma dor de cabeça à noite de tanto tentar esquecer os acontecimentos da manhã e da tarde. Por conta de tudo isso, seu afeto central não tem nada de positivo. Nesse momento, sua sogra liga e insinua que vai lhe fazer uma visita no próximo fim de semana. Ao considerar essa perspectiva, seus pensamentos podem enfatizar demais a tendência dela de comentar sobre seu peso ou a pintura desbotada da casa e subestimar o afeto envolvido na visita.

Alguns anos atrás a nossa casa pegou fogo, e tivemos que morar seis meses em outro lugar enquanto eram feitos os reparos necessários. Ficamos em um apartamento apertado, com camas desconfortáveis e sem acesso à maior parte dos nossos pertences, mesmo os que não se perderam no incêndio. Tentei manter isso em mente enquanto Olivia, minha filha, fazia seus pedidos normais de adolescente. Deduzi que minha índole natural estaria muito mais negativa que o normal, pela influência do desconforto e do incômodo no meu afeto central, levando-me a negar pedidos que eu teria aprovado em tempos normais. Como cientista, tentei pensar numa forma de testar essa hipótese. Então, no mês de abril seguinte, quando fazia minha declaração de imposto de renda, percebi que havia uma medida que eu poderia usar — uma medida quantitativa. Avaliei minhas doações de caridade durante o meio ano em que estive fora de casa e constatei que tinham sido consideravelmente menores que o de hábito. Não que o incêndio tenha implicado alguma dificuldade financeira; nossa seguradora era muito boa e cobriu todos os prejuízos. Mas meu afeto central estava em péssima fase.

Minha observação não foi um experimento controlado, mas me fez pensar. Mesmo quando não estamos passando por uma grande crise na vida, como incêndio, morte ou divórcio, é bom ter em mente que nossas interações e decisões — e as das pessoas com quem lidamos — são muito influenciadas pelo afeto central. Além disso, em geral nem nós nem elas estamos cientes dessa influência. Uma das melhores formas de controlar o afeto central é monitorá-lo, o que fará você reconhecer que estar com frio, cansado, com fome ou magoado talvez tenha impacto sobre seu comportamento, e como essas mesmas condições também podem afetar aqueles com quem interage. Quando você adquire essa consciência, é possível fazer um esforço consciente para evitar situações análogas às dos juízes da condicional, que tomam decisões equivocadas e cujas interações pessoais nocivas poderiam ser evitadas.

Nossa experiência consciente não é formada apenas pelo cérebro; depende também de como estiver o nosso corpo e de como o tratamos. Ao conectar o estado mental ao estado do corpo, o afeto central molda nossa experiência fundamental de mundo e é considerado um dos elementos estruturais da emoção. É aqui, mais do que na noção platônica de racionalidade, que se encontra a mais alta expressão de nossa humanidade. No próximo capítulo, voltando ao tópico da emoção em si, examinaremos a interação entre emoção e racionalidade — a maneira como as emoções orientam o pensamento e o raciocínio.

PARTE II

Prazer, motivação, inspiração, determinação

4. Como as emoções orientam o pensamento

Paul Dirac foi um dos maiores físicos do século XX, um pioneiro da teoria quântica, que, entre outras coisas, deu origem à teoria das antipartículas. Dirac teve papel fundamental na formação do mundo moderno, pois as tecnologias eletrônicas, o computador, as comunicações e a internet, que dominam a nossa sociedade, se baseiam em suas ideias. O gênio de Dirac em questões de lógica e pensamento racional fez dele um dos maiores teóricos do século, mas igualmente notável foi sua total falta de afinidade ou emoção nas interações com os semelhantes quando jovem. Ele proclamou sua falta de interesse em relação às pessoas e aos sentimentos delas. "Jamais conheci amor ou afeição quando era criança", disse Dirac a um amigo, e tampouco os procurou quando adulto. "Minha vida é dedicada basicamente a fatos, não a sentimentos", declarou.

Dirac nasceu em Bristol, na Inglaterra, em 1902.[1] A mãe era britânica e o pai, suíço, um professor famoso pela rispidez. Dirac, seus irmãos e a mãe eram intimidados pelo pai, que insistia em que os três filhos falassem com ele em francês, sua língua nativa, e jamais em inglês. As refeições eram feitas em grupos: a mãe e os irmãos de Dirac comiam na cozinha e falavam inglês. Dirac e o pai comiam na sala de jantar, falando apenas francês. O menino tinha problemas com esse idioma, e o pai o castigava por todos os erros cometidos. Logo aprendeu a falar o mínimo possível, reserva que persistiu até o início da idade adulta.

A inteligência de Dirac para os estudos, por mais extraordinária que fosse, pouco o ajudou a lidar com as circunstâncias e os desafios da vida cotidiana. O ser humano evoluiu para exercer não só o pensamento puramente racional, mas o pensamento racional orientado e inspirado pela emoção. Contudo, a alegria, a esperança e o amor ficaram praticamente de fora na existência fria e intelectual de Dirac. Em setembro de 1934, ele viajou a Princeton para visitar o Instituto de Estudos Avançados. No dia seguinte à sua chegada, foi a pé a um restaurante chamado Baltimore Dairy Lunch. Lá, viu seu colega da física Eugene Wigner sentado a uma mesa com uma mulher bem-vestida que fumava um cigarro. Era a irmã de Wigner, Margit, uma mulher divorciada e muito alegre, com dois filhos pequenos e sem qualquer interesse pela ciência. Era conhecida pelos amigos como Manci. Como ela contaria mais tarde, Dirac, magro e desolado, parecia perdido, triste, desconcertado e vulnerável. Ela se sentiu incomodada e pediu ao irmão que convidasse Dirac para se sentar com eles.

Manci era a antipartícula de Dirac — falante, emocional, artística e impulsiva, enquanto ele era calado, objetivo e comedido. Ainda assim, depois daquele almoço, Dirac e Manci jantaram juntos algumas vezes. Com o tempo, "entre taças de sorvete e lagostas", aquela amizade se aprofundou, escreveu o biógrafo de Dirac, Graham Farmelo. Alguns meses depois, Manci voltou para a Budapeste natal, enquanto Dirac voltou a Londres.

Em Budapeste, Manci escrevia para Dirac com alguns dias de intervalo. Eram cartas longas e cheias de notícias, fofocas e, acima de tudo, sentimentos. Dirac respondia com um punhado de frases a cada poucas semanas. "Receio não conseguir escrever cartas tão bonitas para você", explicou, "talvez por meus sentimentos serem muito fracos".

A falta de comunicação deixou Manci frustrada, mas Dirac não entendia o que a incomodava. Embora a relação continuasse platônica, eles se escreviam e se viam ocasionalmente. Com o tempo, o apego entre os dois se aprofundou. Após voltar de uma visita a Manci em Budapeste, Dirac escreveu: "Fiquei muito triste por ter deixado você e ainda sinto muito a sua falta. Não entendo por que isso acontece, já que geralmente não sinto falta das pessoas quando estou longe delas". Logo depois, em janeiro de 1937, eles estavam casados, e Dirac adotou os dois filhos de Manci. No casamento, Dirac atingiu um nível de felicidade que nunca pensou ser possível. Os Dirac continuaram a ser o centro da vida um do outro até a morte de Paul, em 1984, logo depois do aniversário de cinquenta anos do primeiro encontro.

Em uma carta a Manci, Dirac escreveu: "Manci, minha querida, você é muito valiosa para mim. Você produziu uma mudança maravilhosa na minha vida. Você me tornou humano". Os sentimentos de Dirac por Manci o despertaram. Por não ter contato com os próprios sentimentos, ele levava uma vida pela metade. Depois do encontro com Manci — e com seu eu emocional —, ele passou a ver o mundo de outra maneira, a se relacionar com os outros de modo diverso, a tomar decisões diferentes na vida. Segundo seus colegas, Paul se tornou outra pessoa.[2]

Depois que descobriu a emoção, Dirac passou a adorar a companhia dos outros e — o que é mais importante para nossa análise aqui — percebeu o efeito benéfico da emoção sobre seu pensamento profissional. Em sua vida mental, essa foi a grande epifania de Dirac. E por isso, durante décadas, quando os físicos mais famosos de sua geração abordavam o mestre em busca do segredo do sucesso na física, o que ele respondia? Farmelo encerrou a biografia de Dirac, de 438 páginas, com essa questão. Segundo ele, o conselho que o físico dava era: "Oriente-se, acima de tudo, pelas suas emoções".[3]

O que Dirac queria dizer com isso? Como a lógica fria da física teórica poderia se beneficiar da emoção? Se alguém fizesse uma votação sobre o que as pessoas pensam ser os empreendimentos menos emocionais em que os humanos se envolvem, provavelmente a física teórica estaria bem perto do topo da lista. Mas embora seja verdade que a lógica e a precisão são elementos-chave para o sucesso nesse campo, a emoção desempenha aí um papel equivalente.

Se a capacidade de análise lógica fosse suficiente para obter sucesso na área, os departamentos de física seriam formados por computadores, em vez de físicos. As pessoas costumam achar que a física consiste em fórmulas como *A* mais *B* é igual a *C*. Contudo, durante as pesquisas, é comum deparar com situações em que *A* mais *B* pode ser ou *C* ou *D* ou *E*, dependendo das suposições que se escolher ou das aproximações que se fizer. E mesmo o ato de explorar o resultado de *A* mais *B* é uma questão de escolha. Pode ser melhor pensar em termos de *A* mais *C* ou de *A* mais *D*. Ou talvez desistir e procurar um projeto de pesquisa mais fácil.

No capítulo 2, descrevi como o pensamento humano em seu nível mais básico é determinado por roteiros fixos e como as emoções surgiram enquanto maneira mais flexível de reagir a novas circunstâncias. Da mesma forma, na física a emoção orienta as decisões sobre os caminhos da matemática a serem explorados com base em processos conscientes e inconscientes que codificam os objetivos e as experiências passadas de um modo que talvez não se perceba. Assim como os antigos exploradores usavam uma combinação de conhecimentos e intuição para encontrar seu caminho na selva, os físicos tomam decisões pautados na matemática de sua teoria, mas também em seus sentimentos. E, assim como os grandes exploradores avançavam sem muitos dados que justificassem suas decisões, os físicos também precisam às vezes persistir nos cansativos cálculos matemáticos fundamentados em pouco mais que uma exuberância "irracional".

Se até o pensamento mais exato e analítico deve se mesclar com a emoção para chegar a algum resultado, não é surpresa que a emoção tenha grande influência sobre nossos pensamentos e decisões cotidianos. Na vida, raramente existe uma trilha ou uma medida clara e exata a ser tomada. Nossas decisões são baseadas em uma série de circunstâncias e fatos complexos, probabilidades, riscos e informações incompletas. É assim que o cérebro processa esses dados e calcula nossa resposta mental e física. Como meu pai na cerca quando precisou decidir se deveria acompanhar os colegas sabotadores, a maioria de nós, ao tomar decisões, é fortemente influenciada pela emoção e chega a conclusões que podem ser difíceis de explicar por uma lógica simples. Vamos agora pensar sobre o importante papel que a emoção desempenha no nosso processamento mental — tanto para o bem (como com Dirac) quanto para o mal (como na história a seguir) — e o que isso significa para nós.

Emoção e pensamento

Com vinte anos de idade, Jordan Cardella ficou arrasado quando a namorada terminou com ele.[4] Alguns rapazes, nesse tipo de situação, teriam prometido mudar de comportamento ou talvez mandado flores. Cardella pensou num jeito diferente de reconquistar seu amor. Não podemos deixar de achar que seu método deve ter refletido o motivo pelo qual ela o deixou: Cardella raciocinou que sua ex voltaria se soubesse que ele estava acamado e ferido num hospital. Mas não podia ser por um acidente qualquer.

Era preciso mexer com o coração da ex-namorada, e Cardella resolveu se fazer de vítima. A chave para seu plano era a compaixão, embora o tipo de sentimento que se dedica a um cão maltratado não se caracterize exatamente como o amor romântico que Cardella queria que a ex voltasse a sentir.

O rapaz arquitetou um esquema. Pediu a um conhecido, Michael Wezyk, que disparasse a espingarda algumas vezes nas suas costas ou no peito. Em troca, prometeu a Wezyk dinheiro e drogas. Também pediu ao amigo Anthony Goodall para ligar para a ex-namorada depois e contar que ele tinha sido atacado por um bando de homens.

Quando chegou a hora de executar a estratégia, algumas coisas deram errado. Em primeiro lugar, Wezyk disse que não atiraria no torso de Cardella; atirou uma vez no braço e se recusou a atirar de novo. Em segundo lugar, a polícia não acreditou na história deles. Cardella foi acusado de mentir, e Wezyk e Goodall de serem cúmplices no uso negligente de arma de fogo, o que é crime. Terceiro, e talvez o pior de tudo, a ex de Cardella não se importou com nada daquilo. Não apareceu no hospital nem perguntou sobre seu estado de saúde. Aparentemente, não achou que o buraco de bala corrigisse as deficiências do relacionamento.

O promotor disse sobre o incidente: "Este deve ser o caso mais fenomenalmente estúpido que já vi". Ou, como falou o advogado de defesa, Sanford Perliss, "um crime idiota".[5] É provável que Cardella mais tarde tenha concordado com isso. O fato de o plano não parecer tão imprudente na época em que foi elaborado é uma prova do efeito que as emoções têm sobre o cálculo mental. O amor intenso de Cardella o levou a tentar reconquistar a ex a qualquer custo e matizou seus processos de pensamento a tal ponto que, ao traçar seu plano, ele ignorou completamente o bom senso.

"Uma emoção é um estado funcional da mente que coloca seu cérebro em um modo específico de operação que ajusta os objetivos, direciona a atenção e modifica os pesos que você atribui a vários fatores enquanto faz cálculos mentais", diz o neurocientista Ralph Adolphs. Mesmo quando acredita estar exercendo a lógica fria e racional, não é isso que você está fazendo, ele me diz. As pessoas em geral não estão cientes, mas a própria estrutura do processo de pensamento é altamente influenciada pelo que estamos sentindo no momento — às vezes sutilmente, às vezes não.

"Pense em um iPhone", diz Adolphs. Em seu modo normal de operação, o objetivo do telefone é estar sempre pronto para servi-lo. Para aumentar sua eficiência, o iPhone está sempre funcionando, fazendo coisas como "ouvir" você gritar "Ei, Siri";* verificando se há novos e-mails; e baixando novos dados

* Siri: assistente de voz da Apple. (N. T.)

para atualizar seus aplicativos, mesmo que você não os esteja usando no momento. No modo de economia de energia, as prioridades são alteradas. A conservação de energia é importante, por isso essas ações são reduzidas ou interrompidas por completo. O telefone continua operando cálculos baseados em lógica, mas executando um programa diferente.

Ainda que imensamente mais complexo, o cérebro humano é como um iPhone, no sentido de ser um sistema físico que realiza cálculos.[6] O cérebro evoluiu para computar quais ações teriam maior probabilidade de preservar a saúde, evitar a morte prematura e aumentar a chance de se reproduzir com sucesso. E, assim como o iPhone, nosso cérebro dispõe de vários programas especializados, cada um feito sob medida para resolver um problema. Alguns de nossos programas se aplicam a questões práticas como alimentação, escolha de parceiros, reconhecimento facial, administração do sono, alocação de energia e reações fisiológicas. Outros lidam com questões cognitivas como aprendizagem, memória, seleção e prioridades de objetivos, regras de decisões comportamentais e avaliações de probabilidades.

Assim como o iPhone ajusta a programação quando está no modo de economia de energia, nosso cérebro pode funcionar em vários modos, cada um com características diferentes. Uma emoção é um modo de operação mental, um ambiente funcional que orquestra e coordena os muitos programas do cérebro de forma sintonizada com o tipo de situação em que você se encontra, evitando que os programas entrem em conflito.

Certa vez eu estava fazendo uma caminhada nas colinas do grande deserto do sul da Califórnia, com meu filho Nicolai, que tinha oito anos. Começou a ficar tarde, eu estava com fome e pensando onde iríamos jantar. Então percebi que eu não fazia ideia da direção de onde tínhamos vindo. Todas as direções me pareciam iguais, e eu não conseguia enxergar nada ao longe, porque as colinas mais próximas impediam minha visão. Não havia ninguém por perto, nós estávamos perdidos, sem água e logo ficaria escuro e muito frio. De repente comecei a sentir medo, e minha fome desapareceu. Não que eu estivesse ignorando a fome; apenas não a sentia mais. Quando você está com medo, seus sentidos são aguçados e os sentimentos que o distraem, como a fome, são suprimidos.

Consegui me acalmar o suficiente para pensar o que fazer. Apesar de não reconhecer conscientemente nenhum ponto de referência nem me lembrar do lugar de onde tinha vindo, tive um palpite sobre uma direção específica e começamos a andar para lá. Acabou sendo a escolha correta. É assim que a nossa mente funciona. Os sentidos fornecem ao cérebro informações sobre o meio ambiente; a memória fornece informações sobre o passado; sua base de conhecimentos e convicções o informam sobre a maneira como o mundo funciona. Ao deparar com um desafio, uma ameaça ou qualquer problema a ser resolvido, nós usamos todos esses recursos para calcular a resposta. Parte disso se dá na sua percepção consciente, parte, fora dela. Mas esses cálculos mentais podem ocorrer de muitas formas. Onde você concentra sua atenção? Que peso atribui aos vários custos e benefícios de uma ação em potencial? O quanto você se concentra nos riscos? Como interpreta os inputs e informações ambíguas? Todo esse processamento mental é orientado pelas suas emoções.

O estado mental apaixonado de Jordan Cardella o levou a um erro de cálculo monumental, mas, em média, e ao longo de éons de tempo, nossos estados emocionais — sejam eles amor, medo, aversão, orgulho ou algum outro — modularam a resposta do cérebro em relação a essas questões de modo a aumentar nossa capacidade de lidar com o mundo em que vivemos.

O papel orientador da emoção

Ao andar por uma rua escura e deserta à noite, você acha que divisa, por cima do ombro, um movimento indistinto e difuso. Será um assaltante o seguindo? Sua mente alterna para um processamento no "modo de medo". De repente, você ouve com muito mais clareza um farfalhar ou rangido que normalmente não teria percebido ou não teria registrado. Seu planejamento se desloca para o presente, alterando objetivos e prioridades. Aquela sensação de fome desaparece; a dor de cabeça passa; aquele programa a que você tanto queria assistir mais tarde de repente perde a importância.

Vimos no capítulo 1 que o estado de ansiedade leva a um viés cognitivo pessimista; quando o cérebro ansioso processa informações ambíguas, ele tende a escolher a mais pessimista entre as interpretações prováveis. Lembre-se de que o medo é semelhante à ansiedade, mas surge como reação a uma ameaça concreta e presente, e não como antecipação de um possível perigo. Portanto, não é surpresa que o medo exerça efeito semelhante nos nossos cálculos mentais: conforme você interpreta os inputs sensoriais, atribui probabilidades mais altas que o normal a possibilidades alarmantes. Andando por aquela rua escura, você se pergunta se está ouvindo passos o seguirem. Essas perguntas agora dominam seu pensamento.

Em um esclarecedor estudo sobre o medo, pesquisadores induziram os sujeitos a sentir medo fazendo-lhes um relato tenebroso sobre um esfaqueamento fatal.[7] Depois pediram que estimassem a probabilidade de várias calamidades, desde atos violentos a desastres naturais. Comparados a um grupo que não fora induzido ao medo, os participantes demonstraram uma apreensão inflada quanto à probabilidade dos infortúnios — não só incidentes correlatos, como assassinatos, mas também aos não relacionados, como tornados e inundações. As terríveis imagens afetaram o cálculo mental dos pesquisados num nível fundamental, tornando-os em geral mais preocupados com ameaças no ambiente externo.

Agora vamos supor que você seja um tipo musculoso e bem treinado em defesa pessoal. O sujeito que você pensou ter ouvido surge das sombras e exige sua carteira. Nesse caso você sente raiva, e não medo. Os psicólogos evolucionistas nos dizem que a raiva evoluiu "a serviço da negociação, para resolver conflitos de interesse em favor do indivíduo irado".[8] Quando você está com raiva, seu cálculo mental aumenta a importância conferida ao próprio bem-estar e aos seus objetivos, em detrimento dos outros. Aliás, há um experimento interessante (e esclarecedor) que você pode fazer consigo mesmo, utilizando um método testado e comprovado de lidar com a raiva. Da próxima vez que se sentir assim, afaste-se da situação. Relaxe. Dê algum tempo para a raiva se dissipar. Em seguida reconsidere o conflito. Você vai ver que agora os argumentos terão um peso diferente, com mais tolerância e compreensão acerca do ponto de vista do outro.

Os humanos evoluíram em pequenos grupos sociais e tiveram de se envolver continuamente em interações cooperativas e antagônicas. Nesse contexto, a raiva de um indivíduo cria incentivos para que os outros o apaziguem. No caso dos nossos ancestrais, a ameaça sempre presente por trás de um acesso de raiva era a agressão. Como os indivíduos mais fortes tinham mais a ganhar numa briga do que os fracos, e representavam uma ameaça palpável, seria de esperar que entre nossos ancestrais os homens fortes se irritassem com mais facilidade que os fracos. E, de fato, estudos mostram que isso é verdade até hoje. A correlação é bem menor entre as mulheres, normalmente menos propensas a brigar.

Cada emoção representa um modo diferente de pensar e cria ajustes correspondentes em julgamentos e raciocínios. Por exemplo, imagine-se sentindo uma inesperada falta de atenção ou afeto da parte de alguém por quem você tem um interesse romântico. Será mesmo rejeição ou algo devido a algum fator que não tem nada a ver com você, como uma preocupação temporária da pessoa? A maneira como você pensa sobre essas questões será influenciada de modos diversos por diferentes estados emocionais. Se você estiver em um estado emocional de ansiedade, ao deparar com uma situação ambígua desse tipo tenderá a escolher a interpretação mais perturbadora e talvez comece a se perguntar o que fez de errado. Terá cometido alguma indelicadeza da última vez que estiveram juntos? Esqueceu algo que deveria ter feito? Como todas as emoções, a ansiedade pode causar problemas ao deixar que a preocupação subjugue a razão. O benefício da ansiedade, por outro lado, é que às vezes a interpretação negativa é a mais correta, e você não teria percebido nada se não estivesse no estado de ansiedade que o levou a refletir sobre o que teria feito para causar o problema e como poderia remediar a situação.

Um dos exemplos mais vívidos de como os estados emocionais afetam os cálculos mentais pode ser observado na triste história de uma viagem para caçar perto de Bozeman, Montana, no início dos anos 1990.[9] Dois rapazes de seus vinte e poucos anos andavam por uma trilha de madeireiros abandonada no meio de uma floresta fechada, conversando sobre ursos. Eles tinham saído naquela manhã para caçar ursos, mas não encontraram nenhum.

Os dois voltavam para casa. Era quase meia-noite e não havia lua no céu. Sentiam-se exaustos, nervosos e com medo. Ainda queriam matar um urso, mas àquela hora, e no escuro, também estavam com medo de encontrar o animal. Então, quando viraram uma curva na trilha, perceberam um grande objeto se movendo e fazendo barulho mais ou menos 25 metros à frente. Temerosos e agitados, devem ter sentido picos de descarga de adrenalina e de cortisol, o hormônio do estresse, na corrente sanguínea.

As imagens e os sons detectados pelos nossos sentidos não são os que percebemos com a mente consciente. O input sensorial chega a áreas do cérebro que recebem informações brutas, passando por várias camadas de processamento e interpretação antes de nos darmos conta. Esses processamentos e interpretações são influenciados por nossas experiências passadas, nossas convicções, expectativas e pelo nosso estado emocional. Se os rapazes não estivessem em estado de medo e agitados, e se não estivessem com o pensamento concentrado num urso, poderiam ter interpretado o barulho e o movimento distante como tendo uma origem benigna. Mas naquela noite fatídica os dois concluíram que haviam encontrado um urso. E os dois apontaram as armas e dispararam.

Os cálculos mentais feitos pelos caçadores, guiados pelo medo a se proteger do perigo imaginado, se mostraram totalmente equivocados. O "urso" era uma tenda amarela com um homem e uma mulher dentro. O medo de ursos sem dúvida salvou a vida de incontáveis humanos que poderiam ter sido atacados e mortos, mas não dessa vez. O tremor da tenda e os sons vindos dela eram produzidos pelo casal transando. Uma das balas atingiu e matou a mulher. O jovem que disparou a arma foi condenado por homicídio culposo. Dois anos depois ele se suicidou.

O júri não conseguiu entender como alguém podia confundir uma barraca trepidante com um urso, mesmo depois do anoitecer. Mas os jurados não estavam com medo nem agitados. Todos interpretamos o mundo e nossas opções nesse contexto a partir dos cálculos feitos pela mente. A emoção evoluiu como ajuda para sintonizar essas operações mentais com as circunstâncias específicas em que nos encontramos. É um sistema que se desenvolveu ao longo de muitos milhões de anos. Funciona muito bem na maior parte das vezes, mas nem quando nossos ancestrais ainda viviam nas savanas da África ela era à prova de falhas. E o outro lado dos benefícios conferidos pela emoção é a calamidade que pode ocorrer quando ela dá errado.

As emoções sociais

Nenhuma espécie é estática, e com o passar do tempo nossos ancestrais se tornaram cada vez mais sociais, nossa constituição emocional evoluiu para se adaptar e servir a uma existência mais conectada. Camadas novas e mais complexas foram adicionadas ao nosso repertório emocional, relacionadas à interação humana e a normas sociais como lealdade, honestidade e reciprocidade.[10] São as chamadas emoções sociais, como culpa, vergonha, ciúme, indignação, gratidão, admiração, empatia e orgulho.

A indignação, por exemplo, muitas vezes surge quando alguém vê uma pessoa transgredindo alguma norma social. Gratidão e admiração surgem quando vemos alguém cumprindo ou superando essas normas. O ciúme e a vergonha parecem ter nascido porque, à medida que as sociedades humanas evoluíam, a capacidade do indivíduo de defender fisicamente seus interesses era fundamental para manter o status e o potencial reprodutivo. Se a companheira de um macho fosse sexualmente infiel, e isso se tornasse público, seus pares perceberiam, aumentando a probabilidade de ele ser desafiado na reprodução ou em outras questões. O sistema emocional masculino de ciúme e vergonha sexuais evoluiu como uma resposta para instar os indivíduos a resistir a essas eventualidades, enquanto a forte necessidade do sentimento de apego por parte da fêmea foi moldada pelo seu papel, enfatizando a importância de encontrar um companheiro comprometido que a ajudasse a cuidar da prole.

Jonathan Haidt, agora professor de liderança ética na Universidade de Nova York, fez sua carreira estudando a relação entre o raciocínio moral humano e a emoção. Um de seus artigos mais famosos, citado mais de 7 mil vezes na bibliografia acadêmica, se intitula "The Emotional Dog and Its Rational Tail" [O cão emocional e seu rabo racional]. Argumentei neste capítulo que nossos pensamentos, cálculos e decisões aparentemente racionais estão inextricavelmente entrelaçados com nossas emoções, que agem — geralmente nos bastidores —

para alterar nosso cálculo mental. Haidt vai ainda mais longe, afirmando que a emoção, e em particular a emoção social, é o principal motor do raciocínio moral, bem como de outras categorias de processos de pensamento.

Boa parte do trabalho de Haidt é centrado no papel desempenhado pela aversão na nossa vida. Os pesquisadores descobriram que o aparato neural básico responsável pela aversão no mundo físico foi adaptado ao contexto social. A emoção que originalmente nos protegia de comer alimentos estragados se expandiu durante a evolução, tornando-se uma guardiã da ordem social e moral.[11] Como consequência, hoje sentimos aversão não apenas pela comida estragada, mas também por pessoas "estragadas". Em muitas culturas, tanto as palavras quanto as expressões faciais usadas para rejeitar alguma coisa aversiva também são usadas para rejeitar pessoas e comportamentos socialmente inadequados.

Em um artigo sobre sua pesquisa, Haidt relata como ele e seus colegas combinaram de recompensar estudantes universitários voluntários com barras de chocolate e pediram que eles avaliassem a moralidade de diversos cenários. O grupo de controle fez isso em um ambiente de laboratório comum, enquanto os sujeitos do experimento ficaram num espaço de trabalho "montado para parecer bastante aversivo". Haidt já havia sugerido a hipótese de que os sujeitos confundiriam a aversão física advinda do entorno com a aversão social relacionada aos cenários apresentados. Se a aversão física se misturasse ao cenário social (e vice-versa), seria um indício da sua noção de que as duas emoções estão intimamente relacionadas.

No experimento de Haidt, a sala do grupo de controle era imaculadamente limpa e organizada. A sala aversiva tinha uma cadeira com uma almofada suja e rasgada; uma lata de lixo transbordando de caixas de pizza gordurosas e lenços de papel usados; e uma escrivaninha pegajosa e manchada, com uma caneta mastigada e um copo transparente com restos ressecados de um milk-shake. Se ao ler isso você estiver pensando que "parece um típico alojamento estudantil" é porque conhece melhor os universitários do que Haidt. Seu artigo admite que a tentativa de provocar aversão nos estudantes fracassou. Os participantes no grupo "aversão" não consideraram o recinto aversivo (com base em um questionário aplicado).

Haidt e seus colegas tiveram mais sucesso em outro experimento usando um método mais confiável para causar aversão, mesmo entre os universitários — spray de peido. (Você pode encomendar on-line.) Nesse experimento, os pesquisadores borrifaram o spray no recinto pouco antes de um grupo de participantes entrar, e em seguida entregaram um questionário sondando suas atitudes em relação a questões morais, como, por exemplo, se é aceitável primos em primeiro grau fazerem sexo ou se casarem. E descobriram que, em comparação com outros sujeitos que responderam às perguntas em uma sala que não fedia, esses participantes fizeram julgamentos morais mais severos.[12]

Apesar de terem errado o alvo, em geral os estudos de Haidt foram bem replicados. Em um experimento de outro grupo, por exemplo, a experiência de aversão evocada pela ingestão de um líquido amargo aumentou os índices de desaprovação moral de uma violação ética.[13] "E, inversamente, pensar sobre transgressões morais levou os participantes a considerarem uma bebida impalatável mais aversiva do que o grupo de controle.[14] Mais ainda: os cientistas documentaram uma correlação entre o sentimento de vulnerabilidade a doenças infecciosas e as reações negativas a pessoas que parecem não saudáveis ou são muito velhas, ou mesmo àqueles que só parecem diferentes porque são estrangeiros.[15] Identificaram ainda as mesmas tendências em um grupo de indivíduos particularmente vulnerável: mulheres grávidas.

Se Haidt estiver correto sobre as emoções sociais serem a base do senso de moralidade, essas emoções serão cruciais para nossa capacidade de cooperar e viver em sociedade. Assim como a função das estruturas cerebrais muitas vezes é elucidada pelo estudo de pacientes com deficiências nelas, a importância das emoções sociais na manutenção do bom funcionamento da sociedade é ilustrada pelo que acontece quando alguém carece desse tipo de sentimento, como no caso dos psicopatas. Em 2017, por exemplo, Stephen Paddock, de 64 anos, um ex-auditor, empresário do ramo imobiliário e adepto de jogos de azar, alugou duas suítes adjacentes no 32º andar do hotel Mandalay Bay de Las Vegas e, com a ajuda não intencional dos carregadores, subiu com cinco malas cheias de armas e munição. Na noite do domingo 1º de outubro, Paddock disparou mais de 1100 tiros contra uma multidão de espectadores de um festival ao ar livre, matando 58 e ferindo 851, incluindo aqueles que se machucaram no pânico que se seguiu. A polícia nunca encontrou o motivo para isso, mesmo depois de anos de investigação. Na verdade, o episódio parece ter sido executado com a mesma atitude banal que caracteriza uma ida ao supermercado.

Cerca de um ano depois, outro atirador entrou em um bar de música country em Thousand Oaks, Califórnia, frequentado por estudantes universitários — inclusive alguns que estiveram no festival de Las Vegas[16] — e alvejou doze pessoas antes de se matar. O atirador teve tempo de postar imagens do tiroteio no Instagram, como você faria durante o show de uma banda de que gostasse. "É uma pena que não vou testemunhar todas as razões ilógicas e patéticas que as pessoas porão na minha boca pelo meu ato", declarou em uma das postagens. E depois se explicou. Ao fazer isso, pode ter esclarecido também o motivo de Paddock. "O fato é que eu não tinha razão nenhuma para fazer isso", escreveu. "Eu só pensei: $@#&, a vida é uma chatice, então por que não?"

As pessoas falam de psicopatas como se eles fossem "loucos", mas "louco" implica uma conotação de "irracional", e os psicopatas não são irracionais. Esses atiradores acham fácil matar porque psicopatas carecem de emoções sociais como empatia, culpa, remorso e vergonha. Por conseguinte, seus cálculos mentais são perfeitamente lógicos, porém desprovidos de orientação emocional, e por isso um psicopata que sai caçando pessoas pode sentir por sua vítima o mesmo que você sentiria por um alvo de argila num estande de tiro.

A quinta edição do *Manual diagnóstico e estatístico de transtornos mentais* (DSM) classifica a psicopatia como "transtorno da personalidade antissocial". O distúrbio parece estar associado a uma anomalia da amígdala, bem como de partes do córtex pré-frontal, e estima-se que afete entre 0,02% e 3,3% da população. Se a prevalência fosse, digamos, de 0,1%, nos Estados Unidos isso equivaleria a 250 mil adultos. Embora esses assassinatos aleatórios em massa tenham se tornado mais comuns, por sorte o impulso de sair caçando pessoas, mesmo entre psicopatas, é extremamente raro. Mas a falta de emoções sociais pode levar os psicopatas a desconsiderar as normas sociais e exibir um padrão de comportamento antissocial, imoral e destrutivo. Todos nos comportaríamos assim se não fossem nossas emoções sociais, portanto a evolução foi sábia em nos concedê-las.[17]

Impulsos como emoção

Darwin e a grande maioria dos cientistas dos séculos seguintes se concentraram nas emoções que consideravam "básicas", e se mostraram estranhamente resistentes a aumentar essa lista. Estudos de emoções como frustração, admiração, contentamento e até amor eram raros se comparados àqueles realizados sobre o desejo sexual, a sede, a fome e a dor, classificados como impulsos ou forças motivacionais, e não como emoções. Mas nos últimos anos isso mudou, pois muitos cientistas adotaram o ponto de vista de que as emoções são "estados funcionais". Com isso querem dizer que elas devem ser definidas pelas funções que desempenham, e não pela anatomia ou pelos mecanismos que as produzem.

Atualmente, a maioria dos cientistas da emoção reconhece um espectro muito mais amplo de emoções, e admite que mesmo sede, fome, dor e desejo sexual, apesar de não serem emoções clássicas, têm muito em comum com elas.[18] A fome, por exemplo, é um modo emocional que evoluiu para incrementar o valor que atribuímos à obtenção de alimentos, mas na verdade é mais genérica do que isso. Também desenvolve o valor que atribuímos às coisas em geral: estudos de campo e de laboratório mostram que a fome física aumenta a intenção de obter não somente alimentos, mas também itens não alimentícios.[19] Todos sabemos que compramos mais quando entramos em um supermercado com fome, mas podemos não estar cientes de que também compramos mais em uma loja de departamentos se estivermos com fome.

Nesse aspecto, o efeito da fome é oposto ao da aversão: pesquisas mostram que, enquanto a fome motiva a aquisição, a aversão estimula o desapego, seja de alimentos ou de outros itens. Por exemplo, em um estudo da Universidade Carnegie Mellon, os cientistas apresentavam aos voluntários um clipe neutro ou um trecho do filme *Trainspotting: Sem limites* em que um personagem enfia a cara numa privada imunda.[20] Em seguida, os voluntários tiveram a oportunidade de vender um jogo de canetas que haviam recebido no início do estudo. Os que viram o clipe neutro venderam as canetas por um preço médio de 4,58 dólares, mas os que viram o trecho aversivo estavam dispostos a se separar das canetas por muito menos, 2,74 dólares em média. Depois, quando indagados sobre sua decisão, os participantes que assistiram à cena do filme negaram ter sido influenciados pelo trecho de *Trainspotting*, justificando suas ações com motivos mais racionais.

A excitação sexual é outro "impulso" agora muitas vezes visto como emoção, e nesse contexto é estudada pelo seu efeito no processamento mental de informações.[21] Por exemplo, assim como o medo, a excitação sexual afeta a sensibilidade a estímulos sensoriais que podem indicar perigo, mas, ao contrário do medo, ela não aumenta a sensibilidade, e sim a reduz. Normalmente você fica alarmado com ruídos estranhos atrás da sua porta à noite, mas se isso acontecer enquanto estiver fazendo sexo é muito menos provável que os perceba. Da mesma forma, a excitação sexual diminui o foco da pessoa em objetivos não relacionados ao sexo, como comer o cheesecake que você queria ou evitar patógenos.

Um recente e ousado estudo avaliou como a excitação sexual causa mudanças no cálculo mental masculino. A pesquisa implicava fazer com que alunos da Universidade de Berkeley respondessem a uma série de perguntas, alguns em estado de não excitação e outros sexualmente excitados. Os alunos foram recrutados por anúncios afixados em todo o campus, oferecendo dez dólares por sessão para estudantes do sexo masculino se masturbarem a serviço da ciência. Várias dezenas responderam, e foram divididos em grupos de controle (não excitados) e experimental (excitados). Os participantes do grupo de controle só precisavam responder às perguntas. Os do grupo dos excitados foram instruídos a responder às perguntas enquanto se estimulavam em casa com fotografias eróticas fornecidas pelos pesquisadores.[22] A tabela a seguir foi extraída desse estudo. Observe como os julgamentos dos sujeitos diferiram conforme os estados de excitação e de não excitação. As respostas a seguir são as médias de cada grupo, em uma escala de 0 (um veemente "não") a 100 (um veemente "sim").

PERGUNTA	NÃO EXCITADOS	EXCITADOS
Sapatos femininos são eróticos?	42	65
Uma mulher fica sexy quando está suando?	56	72
Seria divertido amarrar a sua parceira sexual?	47	75
Você se imagina fazendo sexo com alguém que você odeia?	53	77
Você se imagina fazendo sexo com alguém obeso?	13	24
Você se imagina fazendo sexo com uma sexagenária?	7	23

Estudos correlatos mostram que, como já foi retratado em muitos filmes, o sentimento do homem de criar laços com uma parceira sexual e seu nível de atração, que aumenta rapidamente com a excitação, podem despencar logo após o clímax.[23] Embora esses pesquisadores tenham examinado questões relacionadas apenas ao sexo, outros estudos constataram que os processos de pensamento dos homens em estado de excitação diferem também em outros domínios. Por exemplo, eles tendem a ser menos pacientes e a dar mais valor que o normal a recompensas imediatas, como dinheiro ou uma gratificação retardada.[24]

E quanto ao efeito da excitação nas mulheres? Do ponto de vista da evolução, seria de esperar que elas reagissem à excitação de maneira bem diferente dos homens. O sucesso reprodutivo de um animal macho é definido principalmente pelo número de parceiras sexuais férteis que tiver, e o ato sexual requer pouco investimento. O sucesso reprodutivo da mulher, entretanto, exige muito investimento no ato sexual e nos seus resultados. As fêmeas precisam gastar uma grande quantidade de calorias durante o período de gestação dos filhos. Também passam por significativos riscos à saúde relacionados à gravidez, e o custo de oportunidade é alto. Enquanto o macho pode continuar engravidando outras mulheres, a fêmea precisa renunciar à reprodução, não só durante a gravidez mas, entre os mamíferos, em geral também no processo de lactação, que consome muita energia e pode se prolongar por vários anos. Como consequência, as mulheres precisam ser mais seletivas com seus parceiros e menos arrebatadas pela excitação sexual. Como explicou um cientista: "A lascívia e a ejaculação podem ter efeitos profundos na percepção dos homens [...];

ficar 'cego pela lascívia' é um comportamento adaptativo nos homens [...], mas não seria adaptativo nas mulheres".[25]

Infelizmente, há menos pesquisas sobre o efeito da excitação nas mulheres do que nos homens. Um estudo realizado com homens e mulheres constatou, sem surpresa, que tanto homens quanto mulheres excitados são mais propensos a optar pelo sexo sem proteção que aqueles que tomam a decisão quando ainda não estão excitados, mas que o efeito da excitação é significativamente maior nos homens.[26] Outra pesquisa avaliou o efeito da excitação sexual na sensação de aversão entre as mulheres. Sobre os homens, Freud escreveu: "Um homem que beija apaixonadamente a boca de uma linda garota talvez possa sentir aversão à ideia de usar a escova dental dela".[27] Essa mesma contradição é ainda mais forte entre as mulheres.

Nas mulheres, a saliva, o suor e os odores corporais de outras pessoas estão entre os mais fortes indutores de aversão, mas em situações sexuais podem ser atraentes. Por quê? Pesquisadores sugerem a hipótese de que nossos programas de aversão diminuem para estimular o intercurso sexual. A fim de verificar esse processo, eles mostraram a mulheres um filme erótico feito para mulheres ou um filme neutro, em seguida pediram que realizassem tarefas como tomar um gole de suco de um copo com um grande inseto boiando e tirar um pedaço de papel higiênico usado de um frasco (as pesquisadas não sabiam, mas o inseto era de plástico e as fezes no papel higiênico eram falsas). Como esperado, as mulheres sexualmente excitadas avaliaram as tarefas como bem menos aversivas do que as mulheres que assistiram ao filme neutro.

Uma das decisões mais importantes que o ser humano precisa encarar é a seleção de um parceiro ou parceira sexual, e nossa emoção de excitação sexual se desenvolveu como ferramenta para ser usada nesse processo. Quer o demonstrem externamente ou não, tanto homens quanto mulheres têm uma reação fisiológica rápida até mesmo a uma breve interação social com um membro atraente do sexo oposto. Tanto em homens quanto em mulheres, por exemplo, o contato com um rosto bonito ou atraente faz os níveis de cortisol e testosterona dispararem.[28] Mas avaliações e tomadas de decisão inadequadas acarretam grandes custos evolutivos para as mulheres. Consequentemente, o sistema emocional da mulher foi moldado pela evolução para pesar as decisões de acasalamento com cautela e exibir uma pronunciada "seletividade" mesmo quando está estimulando o indivíduo a se envolver no ato sexual.

O propósito da alegria e das emoções positivas

Em agosto de 1914, apesar da eclosão da Primeira Guerra Mundial, Ernest Shackleton, explorador do Ártico, e sua equipe partiram da Grã-Bretanha no navio *Endurance* para a Antártida. Ele tinha um objetivo ousado: ser o primeiro a atravessar aquele continente, do polo Sul até o mar de Ross. Porém, em janeiro de 1915, o *Endurance* ficou preso no gelo, mantendo-se à tona por dez meses, até o madeirame enfraquecer e a água começar a entrar, afundando o navio. Shackleton e seus homens embarcaram em três botes salva-vidas e acamparam num bloco de gelo próximo. No mês de abril seguinte, ele e sua tripulação seguiram para a vizinha ilha Elefante, onde subsistiram comendo carne de foca, de pinguins e dos seus próprios cães. Mas Shackleton sabia que não havia chance de serem resgatados daquela ilha deserta. Embarcou com cinco de seus homens em um dos botes salva-vidas e partiram em uma jornada de 1300 quilômetros através do mar gelado e hostil até a ilha Geórgia do Sul. Quando chegaram, duas semanas depois, magros e exaustos, desembarcaram e se prepararam para atravessar a ilha até uma estação baleeira no lado oposto. Ninguém jamais havia atravessado a Geórgia do Sul, e era pouco provável que conseguissem fazer isso. Quando eles partiam, Shackleton escreveu:

> Passamos pela boca estreita da enseada com as feias rochas e as algas ondulantes bem perto, de cada lado [...] enquanto o sol rompia a névoa e fazia as águas agitadas cintilarem ao nosso redor. Éramos um grupo de aparência curiosa naquela manhã reluzente, mas nos sentíamos felizes. Até começamos a cantar.[29]

Será que esse grupo faminto e enregelado, prestes a embarcar em uma missão potencialmente suicida, poderia realmente se sentir feliz? Que papel a felicidade desempenha em nossas vidas?

As emoções de que falei até agora ocorrem como uma reação a eventos ameaçadores, que exigem respostas em prol da sobrevivência ou da reprodução. Se você estiver viajando com um monte de dinheiro vivo, é normal ser cauteloso e não o mostrar em público. Essa decisão cuidadosa é incentivada pelo estado mental de medo. Nesse caso, o medo é útil, pois reduz as chances de você ser roubado. Mas se você acabou de ganhar um monte de dinheiro e seu estado mental é de felicidade, qual o propósito desse sentimento? Como a alegria ajudou Shackleton e sua tripulação a sobreviver?

Só recentemente pesquisadores da psicologia começaram a examinar a natureza das "emoções positivas", como a felicidade. Ela é uma categoria que vai além das outras duas que mencionei — emoções básicas e sociais. Na literatura da psicologia, emoções positivas incluem orgulho, amor, admiração, divertimento, gratidão, inspiração, desejo, triunfo, compaixão, apego, entusiasmo, interesse, contentamento, prazer e alívio.[30] Vinte anos atrás, tudo isso estava na periferia das pesquisas sobre a emoção. Raiva incontrolável, medo crônico e tristeza debilitante eram problemas que imploravam por um remédio, mas ninguém reclamava de sofrer por excesso de admiração ou de se sentir paralisado de alegria. Portanto, embora o propósito evolucionista das emoções positivas fosse um mistério, havia poucas pesquisas sobre o tema. Aí, em 2005, foi publicado um artigo revolucionário de Barbara Fredrickson e Christine Branigan, então na Universidade de Michigan.[31] O artigo descrevia um experimento que conferiu validade a uma teoria proposta por Barbara Fredrickson, chamada "teoria da percepção ampliada e construtiva".[32] Desde então, as emoções positivas têm sido objeto de muitos estudos.

A teoria da percepção ampliada e construtiva apresenta uma razão evolutiva para nossas emoções positivas. Quando se trata de risco, o cérebro humano precisa manter um equilíbrio delicado. O cérebro foi projetado para nos ajudar a evitarmos o perigo e nos concentrarmos no que pode ser prejudicial no ambiente imediato. Isso é um argumento contra o risco e o desbravamento. A maioria das nossas emoções pesa desse lado. Servem para nos proteger, induzindo a um modo de pensamento que restringe a nossa perspectiva a fim de promover uma ação rápida e decisiva em situações potencialmente ameaçadoras. Por outro lado, o cérebro também é projetado para despertar a curiosidade, o desejo de ampliar nosso conhecimento, de nos arriscarmos e explorarmos o ambiente. Apesar dos riscos implícitos, foi assim que nossos ancestrais descobriram novas fontes de água e alimento, bem úteis quando as antigas fontes se esgotaram.

Estados de emoção positiva, observou Fredrickson, geralmente têm o efeito de estimular certa parcela de risco. São modos de pensamento que ampliam nossa perspectiva e, segundo sua teoria, motivaram nossos ancestrais a tirar vantagem dos momentos em que *não* estavam ameaçados — quando então exploravam, brincavam, formavam relações sociais, se arriscavam e avançavam para o desconhecido. Foi o que a alegria fez naquela bela manhã na Antártida com o grupo de Shackleton: inspirou-os a seguir em frente e continuar andando até finalmente chegarem à estação baleeira, e depois voltarem para salvar os companheiros. É para isso que serve a emoção positiva, argumentou Fredrickson: foi o que deu aos nossos ancestrais uma vantagem de sobrevivência, por terem continuado a avançar para lugares novos e melhores.

Pesquisas mostram que pessoas felizes são mais criativas, abertas a novas informações, com um pensamento mais flexível e eficiente. A felicidade, sugerem os estudos, tem o efeito de motivá-las a ultrapassar seus limites e a se manter abertas a tudo que surgir no caminho. Também cria o desejo de pensar fora da caixa, de explorar, inventar e brincar. Em adultos, brincar envolve atividades intelectuais ou artísticas, mas as brincadeiras infantis são principalmente físicas e sociais, ajudando a desenvolver habilidades físicas e sociais. Os esquilos terrestres africanos mais jovens, por exemplo, brincam mudando de direção enquanto correm, às vezes pulando, virando no meio do salto e correndo em outra direção. São manobras que vão usar não só quando jovens, mas também como adultos, e que serão úteis para fugas de emergência, principalmente de cobras.

Ou então pense na vaidade. Ela cria o desejo de interagir e de compartilhar com os outros novidades sobre suas realizações e se empenhar em realizações ainda maiores, o que pode melhorar suas perspectivas futuras. O interesse, por sua vez, desperta o desejo de explorar, de investigar para expandir sua base de conhecimento e seu acúmulo de experiências. Essa percepção ampliada pode então ser utilizada para enfrentar desafios futuros, que em tempos ancestrais significavam encontrar água e alimento, rotas de fuga ou esconderijos. No mundo moderno, propicia agilidade para negociar em um ambiente cada vez mais arriscado e em constante mudança, no qual as competências de ontem não servem mais para enfrentar os desafios de hoje.

O fascínio, em contraste, é uma emoção que costuma surgir no contexto da religião ou da natureza. Centra-se em dois temas: a sensação de estar na presença de algo maior que você e a motivação para ser bom com os outros. Isso estimula a ampliação do foco nos próprios interesses de forma a abarcar o grupo maior ao qual você pertence, o que tem o benefício de aumentar sua capacidade de se tornar parte de grupos sociais colaborativos e se envolver em ações coletivas para o bem de todos. Por exemplo, em um estudo psicólogos pediram a 1500 indivíduos de todas as partes dos Estados Unidos para avaliar a regularidade com que se sentiam fascinados.[33] Em uma parte ostensivamente não relacionada do experimento, foram entregues a cada participante dez bilhetes de rifa cujo prêmio era dinheiro. Disseram aos participantes que eles poderiam ficar com todos os bilhetes, se desejassem, ou dar um ou mais bilhetes a outras pessoas que nada tinham recebido. Os que alegaram ter sentido fascínio com mais frequência deram 40% mais bilhetes do que os que haviam sentido fascínio em poucas ocasiões. Em outro experimento, cientistas levaram os sujeitos da pesquisa a um "espetacular bosque de eucaliptos" no campus de Berkeley, com algumas árvores com mais de sessenta metros de altura. Outros foram levados para a frente de um prédio comum de pesquisa científica. Em ambos os casos, um ajudante dos pesquisadores passou pelas proximidades e tropeçou, deixando cair um monte de canetas. Em comparação aos que ficaram na porta do prédio, o número de pessoas que ajudaram a recolher as canetas foi significativamente maior entre os que tinham passado o tempo contemplando as árvores espetaculares.

Sejam quais forem os outros propósitos que ela tenha, a emoção positiva está fortemente relacionada à boa saúde e a uma expectativa de vida mais longa. Uma revisão de dezenas de estudos realizada em 2010 concluiu que há diversos caminhos pelos quais a emoção positiva exerce seus efeitos benéficos — nos sistemas hormonal, imune e anti-inflamatório.[34] Em um estudo, especialistas em saúde de Londres coletaram dados sobre o bem-estar de centenas de homens e mulheres com idade entre 45 e sessenta anos.[35] Eles avaliaram as emoções positivas dos participantes usando um método desenvolvido pelo psicólogo Daniel Kahneman, ganhador do Nobel e autor de *Rápido e devagar*. Kahneman percebeu que não se consegue ter uma imagem muito precisa perguntando às pessoas se elas são felizes. A tendência é de obter uma resposta que reflete como elas se sentem naquele momento, estado motivado por algum evento recente ou por um dia ensolarado. O que elas expressam é um sentimento momentâneo, e não seu estado geral. Assim, Kahneman percebeu que é melhor fazer perguntas específicas em diferentes momentos e depois analisar os dados estatisticamente, que foi o que os pesquisadores fizeram. Combinaram de ligar para o celular dos pesquisados em horários aleatórios, várias vezes ao dia, perguntando como eles estavam se sentindo naquele momento. Descobriram que, comparados aos mais felizes, os menos felizes tinham níveis cerca de 50% mais altos de cortisol e outros compostos bioquímicos associados a fatores de risco de doenças a longo prazo.

Em outro estudo, cientistas contaram com a participação de trezentos voluntários numa pesquisa semelhante sobre emoções, realizada durante um período de três semanas.[36] Finda essa etapa, todos foram levados a um laboratório onde os pesquisadores lhes ministraram gotas nasais de uma solução contendo rinovírus, o vírus causador do resfriado comum. Os participantes ficaram em quarentena pelos cinco dias seguintes e só viam uma pessoa por dia, o cientista que os examinava em busca de sintomas de resfriado. Os pesquisadores descobriram que os voluntários com os níveis mais altos de emoções positivas eram quase três vezes menos propensos a pegar um resfriado que aqueles que mostravam emoções menos positivas. Ao que parece, pessoas mais felizes são mais bem equipadas para combater doenças.

O que todas as pesquisas sobre emoções positivas indicam é que pessoas com muitas emoções positivas na vida tendem a ser mais saudáveis, mais criativas e a se dar bem com os outros. A emoção positiva nos torna mais resilientes, fortalece os recursos emocionais necessários para lidar com o mundo e aumenta nossa consciência, oferecendo mais opções quando deparamos com um problema.

Infelizmente, em comparação com nossos ancestrais, temos muito menos oportunidades para exercer atividades físicas e brincar, e reduzimos muito o contato com a natureza, especialmente com as matas e os espaços ao ar livre.[37] Pesquisas já mostraram que essas e outras condições da vida moderna, que os cientistas apelidaram de "discordantes", servem para diminuir nossa sensação de emoções positivas. A boa notícia é que não estamos condenados a ter esse estilo de vida. Ele é o modelo-padrão da nossa época, mas podemos neutralizar isso nos empenhando para criar hábitos que nos incentivem a sentir emoções mais positivas.

Por exemplo, é possível fazer um esforço consciente pelo menos uma ou duas vezes por dia para nos concentrarmos em aspectos da vida que estão indo bem ou pelos quais somos gratos. Também é útil pensar em situações ou atividades de que você gosta — coisas pequenas e simples, como ouvir música, comer seus pratos favoritos ou tomar um bom banho — e fazer um esforço para encaixá-las na sua vida cotidiana. Ser sociável também aumenta os níveis de emoção positiva — fomentar relacionamentos, interagir e se comunicar com amigos, ajudar pessoas, participar de atividades de lazer em grupo, dar e receber conselhos e encorajamentos.[38] E há ainda a prática de exercícios, que não só promove a felicidade como também reduz o estresse e resulta em diversos benefícios físicos. As emoções positivas podem ter evoluído para dar aos nossos ancestrais uma vantagem de sobrevivência, mas estar em contato com elas pode melhorar nossa vida ainda hoje.

Tristeza, a arquiteta da mudança

Já falei sobre as emoções positivas, mas e quanto à tristeza? Trata-se de uma emoção que nenhum de nós deseja. Qual é o seu papel?[39] As pessoas se sentem felizes quando realizam seus objetivos, irritadas quando percebem um obstáculo para atingir uma meta e tristes quando se deparam com alguma perda ou não têm capacidade de manter ou atingir um objetivo. A tristeza parece cumprir duas funções principais. Uma delas é que alguém com expressão triste no rosto transmite uma mensagem persuasiva. Os olhos baixos e as pálpebras caídas, o muxoxo nos lábios e as sobrancelhas oblíquas têm um forte efeito sobre os observadores. Essa demonstração de tristeza sinaliza que a pessoa precisa de ajuda, e como somos uma espécie social muitas vezes obtemos essa ajuda. Todos sabemos que ver alguém chorando toca um ponto fraco no nosso coração e nos impele a prestar alguma ajuda, mesmo quando se trata de um adulto.

A outra função da tristeza é promover mudanças no pensamento que fomentem a adaptação. Como estado mental, a tristeza nos motiva a fazer o difícil trabalho mental de repensar convicções e priorizar metas. Aumenta o escopo do nosso processamento de informações para nos ajudar a compreender as causas e consequências de perdas ou fracassos, bem como os obstáculos ao sucesso. Serve também para reavaliar nossas estratégias e aceitar novas condições que podem não ser desejáveis mas que não podemos alterar.

A maneira como processamos as informações quando estamos tristes nos ajuda a descobrir por que as coisas estão indo mal e como mudar seu curso. Esse tipo de pensamento facilita eliminar expectativas e objetivos irrealistas, levando a melhores resultados. Em um estudo que apoia essa conclusão, pesquisadores simularam uma negociação em moeda estrangeira com base em dados históricos do mercado durante um determinado tempo. Estudantes de economia e finanças receberam informações de mercado relevantes sobre algum ponto no meio desse período, e depois tiveram de tomar decisões a respeito da negociação enquanto ouviam músicas que os induziam a se sentir felizes ou tristes.[40] Por ser uma simulação e os pesquisadores disporem de dados sobre como o mercado de câmbio realmente funcionava, era possível avaliarem o desempenho dos estudantes-negociadores. Os participantes tristes fizeram julgamentos mais precisos, tomaram decisões mais realistas que os felizes, e por isso obtiveram mais lucros.

Claro que, se tivéssemos de escolher entre nos sentirmos felizes ou tristes, todos escolheríamos a felicidade: apesar de serem os estados mentais que orientam os nossos pensamentos, cálculos e decisões, as emoções são também sentimentos que vivenciamos. Na ciência da emoção, os estados cerebrais correspondentes à emoção costumam ser estudados separadamente dessas experiências conscientes. Neste capítulo, falei sobre a emoção como um modo de processamento de informações mentais que influencia nossos processos de pensamento. No próximo, estudaremos aquele outro aspecto — consciente — da emoção: os nossos sentimentos.

5. De onde vêm os sentimentos?

Meu pai reduziu o ritmo nos seus últimos anos de vida. Parava a cada poucos passos e evitava qualquer atividade física rigorosa. Não por falta de energia ou pelas dores e pelos incômodos habituais da idade, mas, literalmente, por um problema de coração. Pois esse órgão tão associado à emoção também tem a responsabilidade de bombear o sangue, e uma bomba é um dispositivo que consome muita energia. Assim, quando a parede do coração do meu pai começou a apresentar problemas de má circulação, o bombeamento de sangue foi prejudicado e ele teve de minimizar as atividades para não sobrecarregar sua bomba.

A natureza é uma professora tolerante no que diz respeito ao nosso bem-estar a longo prazo. Não nos obriga a abrir mão de bacon e milk-shakes, nem a praticar exercícios regularmente. Mas em situações extremas pode governar com mão forte. Se tentar comer fezes humanas, você vai vomitar. Se encontrar um animal feroz, vai fugir. Se andar muito depressa quando seu músculo cardíaco estiver faminto de sangue, a natureza vai se opor. Em particular, quando há um aumento na frequência cardíaca, os nervos do músculo cardíaco enviam um forte sinal de alarme ao cérebro, causando um intenso e excruciante choque de dor. Essa dor é chamada de angina pectoris.

Em meados do século XX, os cirurgiões acharam que tinham uma nova e inteligente cura para a angina. Pensaram que, se suturassem determinada artéria na cavidade torácica, o fluxo sanguíneo que passa pelos vasos colaterais aumentaria, melhorando a circulação da área afetada. Na física, muitas vezes exploramos teorias rabiscando símbolos matemáticos num bloco de papel. Na medicina, o paciente é o papel. Assim, os médicos começaram a realizar essas cirurgias. A teoria pareceu bem fundamentada: os pacientes relataram um alívio significativo da dor. Logo cirurgiões de todas as origens adotaram o procedimento. Quem precisa de um estudo científico controlado para validar algo que já se sabe que funciona?

Mas havia algumas nuvens no céu cirúrgico até então ensolarado. Os patologistas informaram que, quando realizavam autópsias em pacientes que haviam feito a cirurgia, não encontravam evidências de melhora do fluxo sanguíneo.[1] Apesar de os pacientes terem dito que o procedimento funcionava, os corações disseram que não. Além disso, pesquisadores que fizeram a cirurgia em cães também relataram não observar nenhum efeito. Os médicos começaram a desconfiar que a melhora estava só na cabeça deles.

Em 1959 e em 1960, duas equipes de médicos estudaram o aparente paradoxo em experimentos controlados que hoje seriam proibidos por motivos éticos: realizaram cirurgias reais e simuladas para comparar os resultados.[2] Nas operações simuladas, os médicos abriam o tórax do paciente para expor a artéria em questão, mas depois suturavam o paciente sem fazer nada.

Os dois estudos ratificaram a ideia de que as cirurgias funcionavam por motivos psicológicos, não médicos. Em um deles, três quartos dos pacientes que foram realmente operados relataram alívio da dor da angina. Mas o mesmo aconteceu com os cinco que passaram pela falsa cirurgia. É o efeito placebo em ação.

Um dos pacientes da falsa cirurgia teve uma declaração sua citada na publicação da pesquisa: "Eu me senti melhor praticamente de imediato [...]. Tomei cerca de dez nitroglicerinas [nos oito meses] desde a cirurgia [...]. Antes da cirurgia eu tomava cinco nitros por dia". Outro relatou não ter dor de angina e disse que estava "otimista" sobre seu futuro, mas infelizmente no dia seguinte "caiu morto após um esforço moderado".

O grau de anormalidade cardíaca dos pacientes, segundo os médicos observavam no artigo, não se correlacionava com o grau de dor anginosa que sentiam. Assim como o grau de raiva que as pessoas experimentam difere na reação a um mesmo insulto, o grau de dor que sentem é diverso, ainda que a magnitude da lesão corporal seja idêntica. E, assim como alguns podem não se ofender com o que deixaria outros mais furiosos, alguns podem não sentir dor por conta de lesões torturantes para outros. O forte componente psicológico é o motivo pelo qual o efeito placebo é tão poderoso no alívio da dor.

O tratamento cirúrgico em questão, denominado "ligadura da artéria mamária interna", foi abandonado, e nos anos 1990 desenvolveu-se uma técnica menos invasiva e mais sofisticada, o implante de stent. O stent é um minúsculo tubo de arame inserido pela virilha ou pelo pulso para abrir uma artéria bloqueada e aumentar o fluxo de sangue. Assim como na ligadura mamária interna, os pacientes relataram bons resultados com os stents, e a operação, que custa entre 10 mil e 40 mil dólares nos Estados Unidos, tornou-se comum, apesar de não haver estudos controlados em grande escala para mostrar as evidências de seus benefícios. Então, em 2017, *The Lancet*, revista médica de prestígio, publicou um artigo explicando que, a exemplo da cirurgia de ligadura anterior, o implante de stent não funcionava melhor que a simulação de um procedimento placebo.[3]

A cirurgia de ligadura não havia de fato aliviado a fonte física da dor. O coração dos pacientes enviava os mesmos sinais de alerta antes e depois, mas os operados — quer a cirurgia tivesse sido real ou não — tendiam a apresentar uma grande redução da *sensação* de dor. O procedimento do stent também parece ter afetado apenas a percepção consciente da dor dos pacientes, e não a sinalização neural a que a percepção responde. "Todas as diretrizes da cardiologia precisam ser revisadas", disse um cirurgião em resposta a isso.[4] "É impressionante o quanto [o resultado do estudo] foi negativo", comentou outro. "A pesquisa foi uma lição de humildade", declarou um terceiro.

Ainda não entendemos como os placebos funcionam, mas sabemos que o mecanismo envolve regiões do cérebro ligadas a reações emocionais. Na visão tradicional, as emoções são consideradas respostas prototípicas a situações particulares. Se você for ameaçado, sente medo; se encontrar algo inesperado, fica surpreso; se receber um aumento, sente alegria; e se sofrer danos físicos — uma queimadura, um corte ou uma falta potencialmente mortal de fluxo sanguíneo no coração —, seus nervos mandam um sinal para fazer você sentir dor. Ou ao menos é o que diz a teoria. Mas os humanos não funcionam assim. Se até mesmo uma sensação primitiva como a dor não está correlacionada de forma confiável ao gatilho que supostamente a causa, o que dizer de outras emoções?

Fatores determinantes de um estado emocional

Os psicólogos Michael Boiger e Batja Mesquita escrevem sobre Laura e Ann, duas mulheres em um relacionamento:[5]

Ann liga para casa e diz que vai chegar tarde essa noite por causa de um evento do trabalho. Laura gostaria de ter algum tempo com Ann e, depois de passar vários dias cuidando de Ann em casa quando ela estava doente, Laura sente que tem alguns direitos. Ela responde ao telefonema dizendo que é irresponsável fazer horas extras depois de ter ficado doente e que Ann deveria pegar mais leve. Ann se sente acuada: está com trabalho atrasado e convencida de que seria ruim faltar a um compromisso oficial logo após ter tirado licença médica. Para piorar, ela se sente incompreendida por Laura. Ann fica tão frustrada que critica o excesso de zelo de Laura e desliga depressa. Laura, por sua vez, se sente desvalorizada e incompreendida.

O trecho ilustra as interações complexas e sutis das emoções na vida diária: as duas mulheres responderam emocionalmente à situação de maneiras que refletiam não apenas os eventos do momento, mas os dos últimos dias (e talvez outros aspectos mais complexos do relacionamento, enraizados na história em comum).

O fato de nossas reações emocionais serem influenciadas por coisas para além do incidente imediato que as desencadeia é marca registrada da emoção. Se você estiver na fila de uma loja e alguém entrar na sua frente, é normal se sentir meio irritado, porém se você já não come há algum tempo a irritação pode exagerar seus sentimentos e levar a um confronto. Ou quando você está apressado a caminho de uma entrevista de emprego e reage com muita raiva se alguém corta a sua frente no trânsito. Pode considerar quem fez isso egoísta e desrespeitoso, mas num estado menos agitado teria se mantido calmo e presumido que a pessoa foi apenas descuidada, ou talvez estivesse atrasada para um compromisso importante.

As emoções nos oferecem a flexibilidade de responder a eventos semelhantes de formas diferentes, dependendo de experiências anteriores, de expectativas, do que sabemos, de nossos desejos e convicções. No incidente entre Ann e Laura, se as duas não estivessem sob tanto estresse — Ann achava que o trabalho estava atrasado, Laura se sentia desvalorizada e infeliz por Ann não priorizar o tempo que passava com ela —, talvez ambas reagissem de forma diferente à situação, com menos dor, menos raiva, menos ressentimento.

As emoções que sentimos como resultado de uma circunstância ou de um incidente são resultado de um cálculo complexo que leva em consideração as implicações óbvias do que acabou de ocorrer, e também fatores mais sutis, como contexto e afeto central (estado do corpo). Um dos exemplos mais esclarecedores de como as emoções surgem consta de um artigo muito citado de Stanley Schachter e Jerome Singer, intitulado "Cognitive, Social, and Physiological Determinants of Emotional State" [Determinantes cognitivos, sociais e fisiológicos do estado emocional]. Nele os autores descrevem como injetaram adrenalina ou placebo em seus pesquisados, mas dizendo que a injeção era uma vitamina chamada "Suproxin", que afetaria a capacidade visual deles — o suposto tópico da pesquisa.

A adrenalina aumenta a frequência cardíaca e a pressão arterial, causando uma sensação de rubor e acelerando a respiração — sintomas de excitação emocional. Um grupo de participantes foi informado de que a sensação de excitação era um "efeito colateral" da Suproxin. Outro grupo não foi informado de nada. Estes últimos sentiram as mesmas mudanças fisiológicas do primeiro grupo, mas não tiveram nenhuma explicação para elas. Num terceiro grupo, de controle, foi injetada uma solução salina inerte e não sentiu nenhum efeito fisiológico.

Todos os sujeitos foram expostos a uma situação projetada para fornecer um contexto social. Cada qual foi convidado a esperar numa sala onde havia um estranho, aparentemente outro sujeito da experiência, mas que na verdade era um colaborador dos cientistas. Para metade dos sujeitos esse colaborador se comportou de maneira eufórica, aparentemente feliz por fazer parte daquela importante pesquisa; para a outra metade, mostrou-se descontente e reclamou do experimento.

Na ausência da excitação, os sentimentos expressados pelos atores não tiveram efeito sobre os sujeitos; ou seja, os do grupo de controle que tomaram a injeção de solução salina disseram não ter sentido qualquer emoção específica. Os sujeitos da injeção de Suproxin que foram avisados sobre os "efeitos colaterais", e portanto tinham uma explicação para sua excitação fisiológica, também disseram não ter sentido qualquer emoção. Mas os participantes do grupo da Suproxin que não foram avisados sobre o efeito colateral afirmaram ter se sentido felizes ou irritados, dependendo do comportamento do estranho que encontraram. Ao que tudo indica, a mente dos participantes elaborou um sentimento emocional a partir da excitação e do contexto em que a sentiram.

Ao colocar seus sujeitos num ambiente de laboratório, simples e controlado, o experimento de Schachter e Singer conseguiu esclarecer a origem da emoção de um modo difícil de se avaliar em estudos mais complexos sobre o mundo real. Não precisamos lidar com injeções aleatórias de adrenalina na vida real. Mas a excitação fisiológica pode ser incitada por muitos fenômenos cotidianos, e alguns deles foram estudados em experimentos que imitam a pesquisa de Schachter-Singer, mas empregando outros meios que não uma injeção de adrenalina para causar excitação.[6] Esses experimentos demonstraram que exercícios, sons altos, multidões e sustos podem causar uma excitação física capaz de se prolongar por muitos minutos após cessado o evento estimulante; e, assim como uma injeção de adrenalina, por vezes causam sentimentos de raiva, alegria ou outras emoções associadas à excitação, dependendo do contexto. Em outros estudos, os cientistas documentaram que tanto exercícios quanto sons altos amplificam significativamente as reações agressivas a uma provocação. Em outro, os pesquisadores descobriram que a excitação pós-exercícios aumentava o entusiasmo romântico por um membro atraente do sexo oposto.

Construindo a realidade

O experimento Schachter-Singer é o inverso do exemplo do placebo: os estudos do placebo mostram que você *pode não sentir* uma emoção (dor), apesar de estar em um estado que normalmente a causaria (o esforço, em um paciente com angina), enquanto o experimento de Schachter-Singer mostra que você *pode sentir* uma emoção mesmo *não estando* na situação que a causaria, ou não a sentir com a mesma intensidade. Essas "atribuições equivocadas" — sentimentos que não são apropriados às circunstâncias em que você se encontra — são o equivalente emocional das ilusões de ótica.

O fato de a percepção da emoção levar a um fenômeno paralelo ao que encontramos na percepção visual não é fortuito:

a maneira como seu cérebro avalia uma situação para extrair dela um sentido emocional é análoga à forma como decodifica o seu mundo visual; na verdade, é representativa da maneira geral como o cérebro funciona. No que diz respeito ao mundo físico e social, uma das principais lições da neurociência é que nossa percepção da realidade é algo que construímos ativamente, não uma documentação passiva de eventos objetivos.

Existe uma boa razão para isso. O cérebro precisa pegar atalhos porque nossa capacidade mental consciente é muito limitada para processar a enorme quantidade de informações que seriam necessárias para perceber o mundo diretamente. Considere seu universo visual. A visão de um "instantâneo" do ambiente — digamos, uma foto digital — requer pelo menos vários milhões de bytes de dados. A largura de banda de informação com que a mente consciente pode lidar, por outro lado, foi estimada em menos de dez bytes por segundo. Portanto, se tivesse que entender o mundo visual com base na interpretação literal de milhões de bytes de dados, sua mente consciente travaria, como um computador sobrecarregado. Para evitar a sobrecarga, o cérebro trabalha com dados muito mais limitados e usa truques para preencher as lacunas de maneira análoga ao que um programa gráfico pode fazer para tornar a imagem mais nítida — exceto que nesse caso o "ajuste de nitidez" é muito mais sofisticado. Em outras palavras, o que você vê não é uma reprodução direta do que está lá — sua retina registra apenas uma imagem de baixa resolução do mundo externo —, mas depois do processamento inconsciente do cérebro o que você percebe é claro e nítido. Para conseguir essa nitidez, o cérebro emprega mais do que apenas os dados óticos; também se baseia nos mesmos fatores que influenciam a construção da emoção — experiências subjetivas passadas e expectativas, conhecimentos, desejos e convicções.

Em meu livro *Subliminar: Como o inconsciente influencia nossas vidas*, escrevi sobre um experimento clássico que ilustra isso no domínio auditivo. Quando você escuta alguém falar, ouve apenas uma seleção de todos os dados auditivos. Seus centros inconscientes de processamento de som fazem então suposições para preencher as lacunas antes de disponibilizar a percepção para a mente consciente. Para demonstrar isso, os pesquisadores gravaram a frase "Os governadores de estado se reuniram com suas respectivas legislaturas convocadas na capital" a fim de reproduzi-la para o grupo de sujeitos de um experimento. Mas, antes de reproduzir a frase, eles apagaram a sílaba *gis* e a substituíram por uma tosse, de forma que os sujeitos ouvissem "le-*tosse*-laturas". Os pesquisadores avisaram aos sujeitos que havia uma tosse no meio da frase e forneceram um texto impresso para eles fazerem um círculo no local exato em que a tosse mascarava um som. Se a experiência de audição humana fosse uma reprodução direta dos dados auditivos, teria sido fácil identificar a sílaba obliterada. Mas nenhum dos pesquisados conseguiu. Na verdade, o "conhecimento" que tinham sobre como a palavra "legislaturas" *deveria* soar era tão forte que dezenove dos vinte sujeitos insistiram em que não havia nenhum som ausente.[7] A tosse não afetou a percepção consciente da frase porque sua percepção se baseava na fala normal e em outros fatores que o cérebro de cada um utilizou para preencher o som ausente.

O fato de a percepção ser uma construção não se aplica apenas à percepção de um input sensorial, como informações visuais e auditivas. Também vale para as percepções sociais — aquelas sobre as pessoas que você conhece, os alimentos que ingere e até sobre os produtos que compra. Por exemplo, em um estudo sobre vinhos em que eles eram degustados às cegas, havia pouca ou nenhuma correlação entre a avaliação do sabor de um vinho e seu custo, mas *havia* uma correlação significativa quando os vinhos eram rotulados pelo preço.[8] Não porque os participantes acreditassem conscientemente que os vinhos com preços mais altos deveriam ser os melhores, e portanto revisassem suas opiniões a partir dessa informação. Ou melhor, esse argumento *só* não era verdade no nível consciente. Sabemos disso porque, enquanto os indivíduos tomavam o vinho, os pesquisadores visualizavam sua atividade cerebral, e a imagem mostrou que beber o que acreditavam ser uma taça de vinho mais caro realmente ativava mais seus centros de prazer na degustação do que se tomassem uma taça do mesmo vinho rotulado como mais barato. Isso é análogo ao efeito placebo. Assim como acontece com a dor, o paladar não é apenas o produto de sinais sensoriais; depende também de fatores psicológicos: você não degusta só o vinho; degusta também o seu preço.

No caso dos sentimentos, os dados diretos que influenciam a construção da sua experiência emocional são as circunstâncias, o ambiente e seu estado mental e corporal — seu afeto central. Esses inputs são todos integrados e interpretados utilizando os mesmos truques e atalhos que seu cérebro usa para perceber a dor, o paladar, os sons e outras sensações — até que, finalmente, você sinta alguma coisa. Todo esse processamento é um fator positivo, pois a indefinição da conexão entre o evento desencadeador e a resposta emocional nos dá a oportunidade de intervir e influenciar conscientemente as emoções que sentimos — tópico que exploraremos no capítulo 9.

A construção dos sentimentos

Existe hoje uma escola de psicólogos e neurocientistas — os construcionistas — que vai ainda mais longe na avaliação da frouxidão da correspondência entre o evento desencadeador e a emoção sentida. Eles questionam a validade da própria ideia de categorias distintas de emoção — medo, ansiedade, felicidade, orgulho e assim por diante.

Um ponto amplamente aceito pelos construcionistas é que os termos que usamos para a emoção na linguagem cotidiana não se referem realmente a emoções isoladas, pois seriam termos abrangentes para categorias inteiras de sentimentos. É uma observação que remete pelo menos a William James, que em seu artigo de 1894 "The Physical Basis of Emotion" [A base física da emoção] argumentou que há um número praticamente infinito de emoções diferentes, cada qual correspondendo a um estado possível do corpo.[9] "O medo de se molhar não é o mesmo medo que o medo de um urso", escreveu ele. Hoje os cientistas podem documentar essas distinções e rastrear a atividade cerebral específica associada a diferentes variantes. Por exemplo, um experimento dramático ilustrou o fato de que o medo de ameaças externas, como cobras e escorpiões, e o medo de ameaças internas, como sufocar, são na verdade estados mentais distintos e até envolvem padrões diferentes no cérebro, embora os dois sejam chamados de medo.

O experimento examinou pacientes com lesões na amígdala. A amígdala desempenha um papel importante em muitas emoções, inclusive o medo, mas não em todos os tipos de medo. No estudo, os indivíduos que não sentiam nada quando cobras e escorpiões rastejavam pelos seus braços sentiam medo e pânico ao respirar ar com alto nível de dióxido de carbono, que simula a sensação de sufocamento.[10] Como disse Lisa Feldman Barrett, uma das líderes da escola construcionista: "As pessoas agrupam instâncias muito diferentes [de emoção] na mesma categoria e dão a elas o mesmo nome".[11]

Por outro lado, os construcionistas apontam que, assim como deixamos de ver as diferenças entre os estados de emoção e os agrupamos sob o mesmo nome, também fazemos distinções onde elas não existem; isto é, às vezes as categorias de emoção que usamos podem se sobrepor. Por exemplo, como já mencionei, o medo e a ansiedade são vistos como coisas separadas: o medo seria uma reação a uma coisa ou circunstância específica, enquanto a ansiedade seria um medo intransitivo e voltado para o futuro. Mas as situações da vida real podem desfocar essas linhas, e assim fica difícil diferenciar medo e ansiedade. Se você estiver muito doente e com medo de morrer, alguns classificariam isso como medo, outros como ansiedade, mas a emoção é a mesma, seja qual for a palavra usada.

Os construcionistas afirmam que a linguagem que empregamos para denotar medo, ansiedade e todas as outras emoções em que possamos pensar, embora amplamente usada, tem pouco significado fundamental. Eles acreditam que, quando aprendemos uma língua na infância, aprendemos a agrupar várias experiências emocionais da maneira convencional determinada pela nossa língua e nossa cultura específicas. Há uma analogia com a cor. A maioria dos idiomas/culturas atribuem às cores um número discreto e limitado de nomes, como vermelho, laranja, amarelo, verde, azul, índigo e violeta. Mas a física nos diz que há um número infinito de cores, todo um espectro que vai do vermelho em uma extremidade ao violeta na outra, com um continuum entre elas. Os construcionistas consideram os termos que usamos para definir as emoções tão arbitrários quanto os que aplicamos às cores.

Há muitas pesquisas interculturais mostrando que as línguas de várias culturas muitas vezes não concordam quanto às cores "fundamentais" às quais atribuem nomes. Podem até ter um número muito diferente de cores para as quais dispõem de palavras. Muito do que baseia o ponto de vista construcionista vem de estudos análogos de palavras para emoção. Dado o grande acesso a viagens e à comunicação global, são tantos os intercâmbios e as influências interculturais que pode ser difícil encontrar uma cultura que não tenha sido muito influenciada por outras culturas, mas elas existem. Uma delas é a do povo ilongot, nas Filipinas, que vive em um enclave florestal isolado e vem resistindo a todas as tentativas de assimilação e modernização. Os ilongot identificam uma emoção que chamam de *liget*, que só existe para eles, e por um bom motivo: ela define a experiência de agressividade intensa e eufórica que acompanha uma expedição de caçadores de cabeças.

Há também exemplos menos exóticos. Considere a tristeza e a raiva. Essas emoções são vivenciadas como distintas no Ocidente, mas na Turquia (e entre os turcos) são consideradas uma só emoção, chamada *kizginlik*.[12] De maneira mais geral, emoções como a raiva são mais comuns nas culturas ocidentais, que enfatizam a autonomia dos indivíduos, que nas culturas orientais, que enfatizam a harmonia e a interdependência.[13] A língua taitiana, por sua vez, não tem nenhuma palavra que se possa traduzir como triste. Um cientista retratou um homem taitiano abandonado por esposa e filhos, que haviam se mudado para outra ilha.[14] O homem disse que se sentia "sem energia" e se considerava doente.

A língua inglesa tem palavras para centenas de emoções. Outras línguas têm muito menos — por exemplo, a língua dos Chewong, da península da Malásia, só tem sete. Como explicou um pesquisador das emoções: "Línguas diferentes reconhecem emoções diferentes. Elas compartimentalizam o domínio da emoção de forma diferente".[15] O que não quer dizer que povos diferentes sentem emoções diferentes, mas sim que as categorias de emoção identificadas em diversas culturas são um tanto arbitrárias.

Isso apoia a ideia de que nossos sentimentos não são, como acreditava Darwin, respostas inatas inerentes para uma série de estímulos arquetípicos. Em um artigo sobre esse assunto que escrevi em coautoria com Lisa Feldman Barrett e Ralph Adolphs, Barrett argumentou que a ciência até então não identificara critérios realmente objetivos para determinar com segurança se uma pessoa ou um animal está em um estado emocional ou em outro.[16] Adolphs, como a maioria dos pesquisadores da emoção, reconhece o argumento, mas não vai tão longe a ponto de descartar as categorias usuais. O júri ainda não decidiu qual escola de pensamento é a correta.

Inteligência emocional

No outono de 2018, um tailandês chamado Nakharin Boonchai estava dirigindo por uma estrada perto do Parque Nacional Khao Yai quando dois elefantes atravessaram a pista.[17] Boonchai colidiu com o animal que estava atrás, ferindo-o em duas patas. O elefante se virou e olhou para o veículo. Fez uma pausa e em seguida pisoteou o carro, matando Boonchai instantaneamente. Foi uma raiva causada pelo estresse emocional na estrada ou uma reação reflexa do animal ao ser ameaçado fisicamente? Apesar dos estudos sobre a vida emocional dos elefantes, ninguém sabe se, ou em que medida, eles têm sentimentos conscientes. Mas nós, humanos, temos.

Embora possa parecer que nossos sentimentos deveriam ser óbvios para nós, provavelmente todos já passaram pela experiência de perceber que na verdade não sabíamos de fato o que estávamos sentindo ou por quê. Ter clareza sobre os estados emocionais inconscientes, os sentimentos conscientes e o papel das circunstâncias mais gerais da vida é o primeiro passo para controlar as emoções e usá-las a nosso favor, ou pelo menos não deixar que funcionem contra nós. Para ter uma vida mais feliz e bem-sucedida, o objetivo é usar esse autoconhecimento para aumentar a inteligência emocional.

Enquanto escrevo, minha mãe, na cadeira de rodas, mora em uma casa de repouso para idosos. Apesar de ter quase cem anos, está com boa saúde física, mas sua mente já declina há alguns anos. Ainda me reconhece, e à família, e falamos sobre minha infância, mas se eu pedir para somar nove mais três ela não consegue. Se pedir para escolher entre duas coisas para comer, ela não consegue chegar a uma conclusão (a menos que a escolha envolva chocolate). Se perguntar quem é o presidente ou em que país ela mora, minha mãe não sabe responder. No entanto, quando eu chego para buscá-la na casa de repouso, ela pode perguntar de imediato: "Você está com algum problema?", ou "Você está preocupado com alguma coisa?". E ela sempre tem razão. É estranho: nossa inteligência emocional está tão arraigada em nós que parece ser uma das últimas coisas a decair.

"Inteligência emocional" é um termo que se tornou de tal modo parte da linguagem que presumimos que sempre esteve conosco, mas na verdade foi cunhado em 1990 por dois psicólogos — Peter Salovey, de Yale, e John Mayer, da Universidade de New Hampshire, que já mencionei na introdução. No início de seu primeiro e famoso artigo sobre o assunto, eles apresentaram

> uma estrutura para a *inteligência emocional*, um conjunto de habilidades que hipoteticamente contribui para uma avaliação precisa e a expressão da emoção em si próprio e nos outros, para a regulamentação eficaz da emoção em si próprio e nos outros, e para lançar mão dos sentimentos a fim de se motivar, planejar e realizar objetivos na vida.[18]

"A 'inteligência emocional' é uma contradição em termos?", eles perguntaram. Era uma pergunta natural porque, como já se mencionou antes, no pensamento do Ocidente a visão tradicional da emoção é que ela perturba a atividade mental racional, e não a auxilia. Até recentemente as pessoas acreditavam que, fossem quais fossem as habilidades racionais, a medida do QI representava a verdadeira inteligência, e qualquer outra coisa seria irrelevante. Mas Salovey e Mayer perceberam acertadamente que a emoção e a racionalidade não podem ser separadas, e que na verdade as pessoas mais bem-sucedidas na sociedade costumam ser as que têm uma alta inteligência emocional. Também perceberam que, inversamente, muitos dos maiores intelectos nos negócios e na sociedade encontram dificuldades se tiverem baixa inteligência emocional.

Considere, por exemplo, um experimento de 2008 realizado por Adam Galinsky, da Kellogg School of Management em

Northwestern, e três colegas. Os cientistas fizeram os alunos de MBA se envolver em uma negociação simulada sobre a venda de um posto de gasolina.[19] Eles combinaram que o preço mais alto que os compradores estavam autorizados a pagar era menor que o preço mais baixo que os vendedores estavam autorizados a aceitar. Mas o preço não era a única coisa a ser negociada; tanto o comprador quanto o vendedor tinham outros interesses que, se devidamente considerados, poderiam resultar num negócio que satisfizesse ambas as partes.

Antes da negociação, um terço dos pesquisados recebeu instruções genéricas, outro terço foi instruído a imaginar o que o outro lado estava *pensando* e o terceiro grupo foi instruído a imaginar o que o outro lado estava *sentindo*. Os que se concentraram nos pensamentos ou nos sentimentos dos outros mostraram uma probabilidade significativamente maior de fechar um acordo do que os que não o fizeram. A negociação é apenas um nicho no ecossistema do mundo dos negócios, mas ao longo das últimas décadas pesquisadores constataram que empresários com capacidade de compreender os sentimentos alheios se destacam em gestão, em questões de recursos humanos, liderança e inúmeros outros aspectos da profissão.

Apesar de muitas vezes não ser levada em conta, a inteligência emocional é importante mesmo na ciência, pois infelizmente realizar uma boa pesquisa é apenas o primeiro passo para o sucesso nessa área altamente competitiva. Em uma época de grande expansão do número de pesquisas realizadas, a habilidade de fazer os colegas prestarem atenção e compreenderem seu trabalho é pelo menos tão importante quanto a habilidade básica de um cientista.

Os que não conseguem se sintonizar com os outros também podem ter dificuldade em fazer amigos. Por exemplo, é possível que não percebam os sinais sociais e continuem a falar mesmo quando o interlocutor quer encerrar a conversa ou expressar seu ponto de vista. Podem também não reagir apropriadamente quando o interlocutor falar sobre um tema emocionalmente sensível. A inteligência emocional é tão importante para a nossa espécie que aparece em bebês humanos por volta dos dois anos ou até antes. Bebês nessa idade, se virem um membro da família em dificuldades, irão reagir tentando ajudá-lo ou chorando.

Assim como os estados emocionais influenciam o processamento de informações, eles também influenciam a comunicação. A emoção é o que lubrifica nossas conversas e permite nos relacionarmos e entendermos os desejos e as necessidades dos outros. Sempre que encontramos alguém enviamos sinais emocionais, e ser capaz de interpretar esses sinais envolve processos conscientes e inconscientes. Pessoas mais bem dotadas de inteligência emocional sabem como monitorar as próprias expressões de emoção e se sintonizar com as reações dos outros. Estão cientes dos sinais que enviam e também dos que recebem, o que possibilita uma comunicação muito mais eficaz. Os que são especialmente hábeis em interpretar e se conectar com outras pessoas são indivíduos que tendemos a considerar carismáticos. Bons líderes conseguem se comunicar não somente com um punhado de pessoas em seu ambiente imediato, mas também com o grande público, pessoalmente ou mesmo pela televisão.

Os humanos não foram apenas abençoados com a capacidade de interpretar outros humanos; nós também queremos que os outros nos conheçam.[20] Estudos revelam que de 30% a 40% das conversas entre as pessoas se referem a suas experiências privadas e seus relacionamentos pessoais. Nas redes sociais, 80% das postagens são sobre as experiências imediatas das pessoas. Na verdade, em um estudo de 2012, em Harvard, os pesquisadores pediram aos participantes que conversassem com eles sobre si mesmos ou sobre os outros, enquanto registravam imagens do cérebro dos informantes com um aparelho de ressonância magnética funcional (fMRI, na sigla em inglês). Os cientistas descobriram que falar sobre si mesmos ativou bem mais as regiões do cérebro associadas à recompensa e ao prazer do que falar sobre os outros.

Em outro experimento, foi apresentada aos participantes uma série de 195 perguntas, e informaram-lhes que ganhariam alguns centavos de dólar por questão respondida. Cada pergunta se referia a uma entre três categorias — uma pergunta sobre eles mesmos, uma pergunta sobre outra pessoa ou uma pergunta sobre fatos —, e antes de cada pergunta os sujeitos podiam escolher a categoria. Quando o pagamento era o mesmo nas três categorias, os pesquisados escolheram responder sobre si mesmos cerca de dois terços das vezes, e quando o pagamento variava entre as categorias eles continuaram a escolher perguntas sobre si mesmos com mais frequência, embora isso significasse ganhar menos do que escolher uma categoria com maior retorno. Os indivíduos, escreveram os cientistas, estavam "dispostos a abrir mão do dinheiro" pela oportunidade de revelar coisas sobre si mesmos.

Somos uma espécie social. Não existimos sozinhos, mas como parte de uma sociedade. Quando um bando de pássaros muda de direção, não há um pássaro condutor dizendo aos outros o que fazer; eles são coordenados por uma conexão inata de suas mentes, cada um em sintonia com os outros. Isso também é verdade para nós. Estamos todos conectados, e essas conexões se dão por meio das nossas emoções.

Durante minha breve passagem pelo mundo corporativo, eu tive dois chefes, ambos vice-presidentes executivos. O primeiro era uma mulher realmente atenta aos que trabalhavam no seu departamento, que sabia interpretar as emoções dos subordinados e responder de forma empática e construtiva. Os funcionários retribuíam com lealdade e disposição para ir mais longe sempre que necessário. Quando ela se aposentou, foi sucedida por uma mulher que não fazia ideia de como os outros se sentiam. Em uma reunião, ela fez um discurso motivacional em que estabeleceu como objetivo que nosso grupo se tornasse tão lucrativo que em cinco anos o bônus anual dela ultrapassasse a marca de 1 milhão de dólares. Ninguém estava disposto a trabalhar mais para atingir a meta dela, e por isso o moral e os lucros despencaram. Segundo a literatura da psicologia, uma pessoa entende o que outra está pensando ou sentindo por conseguir compreender a perspectiva do outro. Quem tem a capacidade de ver a perspectiva do outro navega melhor na trajetória dos nossos voos emocionais coletivos, encontrando o equilíbrio certo entre competição e cooperação. Os que não têm esse talento enfrentam mais dificuldades. Portanto, assumir a perspectiva do outro é uma habilidade social importante, uma chave para o carisma, para o poder de persuasão e o sucesso em muitas áreas, tanto profissionais quanto pessoais.

6. Motivação: Querer versus gostar

Em um período de cerca de um ano, Clara Bates, uma jovem mãe de Derby, na Inglaterra, foi despejada de duas moradias por causa das atividades de sua filha pequena, Farrah.[1] O que incomodava os senhorios de Clara era compreensível: Farrah comia os carpetes e as paredes. Clara percebeu o problema quando a menina começou a aprender a usar a privada e pedaços esquisitos apareciam você sabe onde. Depois Clara observou que aqueles estranhos buracos que via nas bordas do carpete não se deviam ao desgaste normal. O mesmo acontecia com o velcro dos sapatos da filha.

O comportamento de Farrah não é inaudito. Todos esses estranhos glutões sofrem de um transtorno chamado picacismo, descrito pela primeira vez em um livro de medicina em 1563.[2] O nome vem da palavra latina para a pega, um pássaro inteligente da família dos corvos que come quase tudo — sementes, frutas, nozes, bagas, aranhas, insetos, ovos de pássaros, filhotes de pássaros, roedores, coelhos novos, ração para animais de estimação e vários tipos de lixo. Para a pega, esse é um comportamento normal. Para os humanos, obviamente não.

Os objetos atraentes para quem sofre de picacismo muitas vezes têm a ver com comida, só que na extremidade errada do ciclo de preparação dos alimentos; as pessoas anseiam não pelo que é servido no prato, mas pelo que é usado para limpá-lo.

Um homem tinha o hábito de beber detergente líquido. Uma executiva preferia esponjas de cozinha. Mas foi Michel Lotito, um artista francês, que se revelou o Michael Jordan do picacismo.[3] Lotito não era fã de restaurantes, mas gostava de lojas de ferragens. Tinha fome de metal. Se não coubesse em uma mordida, ele partia em pequenos pedaços e engolia com óleo mineral e muita água. Consta que Lotito, ao longo do tempo, comeu bicicletas, carrinhos de compras e um avião Cessna 150, dispendiosa refeição que ele desfrutou durante anos. Após quatro décadas desse comportamento, Lotito morreu em 2007, de uma causa "natural" não revelada. Sem dúvida não foi por deficiência de ferro.

Por que fazemos as coisas que fazemos? Por que comemos macarrão e não travesseiro? Por que comemos, afinal? Que processos no nosso cérebro nos levam a fazer o que fazemos e como podemos controlar ou modificar esses processos?

A motivação pode ser considerada a disposição de se esforçar para atingir um objetivo. É uma força motriz que deflagra e direciona nosso comportamento. Algumas são biológicas, como a motivação para comer, determinada pela emoção homeostática da fome. Outras têm base social, como a motivação para obter aprovação social e a motivação para se realizar. Essas também estão intimamente ligadas à emoção. Na verdade, o vínculo profundo entre emoção e motivação é evidente nos próprios termos: a mesma raiz na palavra latina *movere*. No entanto, a motivação humana (e animal) não se origina diretamente das redes neurais que produzem a emoção, mas de um sistema neural diferente chamado "sistema de recompensa".

O sistema de recompensa fornece um mecanismo flexível que permite que nossas mentes levem em consideração uma grande variedade de fatores ao decidir sobre quando agir e classificarmos as possibilidades ao escolhermos a ação mais adequada. Enquanto formas de vida mais primitivas agem de acordo com regras fixas e gatilhos inerentes em sua programação inata, esse mecanismo mais flexível e matizado é responsável por grande parte de nosso impulso de agir, o que nos torna — e à maioria dos outros vertebrados — mais do que meros robôs biológicos.

Novas descobertas científicas a respeito da motivação lançam luz sobre a causa de transtornos motivacionais como o vício, ao mesmo tempo que esclarecem como podemos controlar os nossos impulsos e os dos outros. Esse entendimento foi alcançado em dois grandes saltos, num intervalo de décadas. O primeiro ocorreu nos anos 1950, quando a teoria da pulsão foi finalmente abandonada, com a descoberta do nosso sistema de recompensa e da grande influência das estruturas do sistema de recompensa em outras partes do cérebro humano.

Em busca do centro do prazer

Se você ler artigos acadêmicos sobre neurociência, vai se acostumar a frases como esta: "Geramos camundongos transgênicos nos quais neurônios contendo orexina são neutralizados pela expressão orexinérgica específica de um produto gênico truncado da doença de Machado-Joseph (ataxina-3) com uma extensão de poliglutamina expandida".[4] Era um artigo sobre tratamentos para narcolepsia, transtorno do sono caracterizado por uma irresistível sonolência diurna; eu fiquei com a impressão de que o próprio artigo poderia *causar* narcolepsia.

Como já estou acostumado a esse tipo de descrição enigmática de procedimentos experimentais em periódicos acadêmicos, você pode imaginar como meu queixo caiu quando, ao ler um artigo de 1972 no *The Journal of Nervous and Mental Disease*, topei com a seguinte descrição: "Na tarde desse experimento, o paciente foi novamente autorizado a usar a unidade autoestimulante transistorizada por três horas [...]. Em seguida foi apresentado à prostituta".[5] O artigo, definido por um autor subsequente como "ao mesmo tempo acadêmico e pornográfico", foi escrito por Robert G. Heath, que escreveu cerca de 420 artigos científicos ao longo de seus quarenta anos de carreira.[6]

Nascido em 1915, Heath começou a carreira como clínico, especializado em psicanálise, neurologia e psiquiatria. Em 1948 tornou-se o psiquiatra sênior de um projeto de pesquisa na Universidade Columbia com o objetivo de aperfeiçoar a lobotomia como tratamento para esquizofrenia e depressão. Em uma lobotomia, os cirurgiões basicamente desconectam o córtex pré-frontal do paciente seccionando a maioria das fibras nervosas que o conectam ao resto do cérebro. Sabendo o que sabemos hoje, os cientistas percebem que essa operação priva o paciente de grande parte da sua humanidade.

O córtex pré-frontal, como agora o entendemos, é uma estrutura complexa e magnífica. Ao receber informações de várias outras regiões do cérebro, desempenha um papel importante no pensamento racional e consciente. Ajuda a organizar e a concentrar o pensamento. Coordena nossas ações e objetivos. Censura ideias inúteis e ajuda a escolher opções entre comportamentos conflitantes. Também é responsável pela capacidade de planejamento de longo prazo, por controlar nossos impulsos e por auxiliar a regular nossas emoções. Acredita-se que uma de suas sub-regiões, o córtex orbitofrontal, esteja envolvida na *experiência* da emoção.

Essa é uma ampla gama de funções. Mas na época em que Heath tentava "aperfeiçoar" a lobotomia os cientistas não sabiam tudo isso sobre as funções do córtex pré-frontal. Na verdade, achavam que ele não tinha nenhuma função. Mas já *haviam notado* que remover os lobos frontais de um chimpanzé o tornava mais calmo e cooperativo. Foi assim que o neurologista português António Egas Moniz, que percebeu "mudanças de carácter e personalidade" semelhantes em soldados com lesões no lobo frontal, inventou a lobotomia em 1935. E ganhou o prêmio Nobel por isso em 1949.[7]

Heath, como Moniz, era um entusiasta convicto do novo campo da "psiquiatria biológica". Foi um empreendimento fomentado pela ideia de que as doenças mentais são causadas por anormalidades físicas do cérebro, e não por traumas psicológicos. Mas Heath achou que a lobotomia não era muito eficaz. Deixava os pacientes plácidos e, portanto, mais fáceis de controlar, contudo parecia reduzir os sintomas embotando a emoção, sem chegar a uma cura para o transtorno subjacente. Por fim, Heath se convenceu de que a fonte da doença mental estava nas profundezas do cérebro, em um tecido subcortical menos acessível — estruturas situadas abaixo do córtex, que é semelhante a um guardanapo dobrado. Essas estruturas se mostraram importantes para a emoção em gatos. Claro que uma extrapolação de gatos para humanos também levaria a se concluir que as pessoas caçam pardais no quintal e gostam de dormir tanto embaixo como em cima da cama. Mas, em suas extrapolações, Heath estava essencialmente correto.

Ideias na ciência é o que não falta, mas só ganham valor quando apoiadas por estudos experimentais. Infelizmente para Heath, as regiões que o intrigavam encontravam-se muito abaixo da delicada superfície do cérebro para serem alcançadas por uma cirurgia tradicional. Assim, a busca por evidências que apoiassem sua teoria seria difícil e demoraria décadas.

As primeiras tentativas que ele fez se basearam em um procedimento que alguns médicos tinham começado a empregar na década anterior, nos anos 1930. Nesse novo tipo de psicocirurgia, eles inseriam eletrodos finos no cérebro dos pacientes para fazer leituras e estimular ou destruir eletricamente uma área, dependendo da doença a ser tratada. Heath começou a experimentar esse procedimento em animais, mas não podia realizar nenhum teste em humanos. Não porque se visse dissuadido pelo risco óbvio para o paciente, mas porque os colegas, céticos em relação a suas ideias, não forneceriam o financiamento e o apoio logístico necessários.

Então, um dia, Heath estava descansando na praia em Atlantic City e puxou conversa com um estranho, num encontro casual que mudaria sua vida. O estranho de férias por acaso era o reitor da faculdade de medicina da Universidade Tulane, em New Orleans. Eles ainda não tinham se apresentado quando o reitor começou a falar do seu trabalho, que era a criação de um novo departamento de psiquiatria. Mencionou um pesquisador de Columbia cujo trabalho admirava. Um sujeito chamado Heath, disse o reitor.

Hoje, obter o cargo de professor é um processo como um cruzamento entre se candidatar a prefeito e concorrer a um emprego nos correios. A contratação de professores naquela época era mais simples. Sem burocracia, sem comitês, sem entrevistas, sem politicagem. Se você conhecesse um reitor na praia, os dois com roupas de banho, ele poderia lhe oferecer um emprego na hora. E foi exatamente o que o reitor fez.

Na época, os neurocirurgiões de Tulane realizavam seus procedimentos no Hospital Charity. Um dos futuros colegas de Heath descreveu as instalações como "um grande e belo hospital, com alguns dos pacientes mais doentes que você já viu". Heath não se importava com a aparência física do hospital, assim como uma criança não se importa se a parede da sorveteria estiver forrada de quadros de Picasso. O que o atraiu foi o suprimento infinito de pacientes alienados, perturbados (e às vezes violentos), dispostos a aceitar qualquer procedimento que pudesse resultar em algum alívio. "Material clínico", como os chamava.

Heath mudou-se para New Orleans em 1949. Descrito por um colega como bonito e carismático, logo convenceu o hospital a destinar uma verba de 400 mil dólares para a instalação de uma unidade psiquiátrica com 150 leitos. Seria o seu playground científico, mas ele tinha um objetivo nobre: empregar as técnicas de estimulação cerebral profunda que vinha usando em animais para aprender como aliviar os sintomas de doenças mentais em humanos e ao mesmo tempo estudar a base biológica das doenças. Estava especialmente interessado na esquizofrenia.

Na época, a sabedoria predominante — derivada da teoria da pulsão — era de que as pessoas são motivadas principalmente pelo desejo de evitar sentimentos desagradáveis, como fome e sede.[8] Mas Heath acreditava que a recompensa, ou o prazer, seria um motivador tão importante quanto a dor. Essa visão pode ter vindo da formação clínica de Heath: décadas antes Freud argumentara que o prazer desempenha um papel central na motivação humana. O "princípio do prazer" não foi muito bem aceito pelos que estudavam o funcionamento físico do cérebro, mas agradou a Heath. E ele deu um passo adiante: postulou que o cérebro deve conter alguma estrutura ou estruturas discretas que produzem esse sentimento — uma espécie de "centro de prazer". A esquizofrenia, teorizou Heath, era causada por um mau funcionamento desse centro de prazer. "Os esquizofrênicos têm uma predominância de emoções dolorosas", afirmou. "Eles funcionam em um estado quase contínuo de medo, luta ou fuga porque não têm o prazer para neutralizá-lo."

Heath raciocinou que, se conseguisse causar prazer estimulando o cérebro, ele poderia aliviar os sintomas da esquizofrenia. Pretendia desenvolver uma forma de implantar um eletrodo permanente e propiciar aos seus pacientes um meio de se estimularem conforme necessário, assim como uma pessoa toma duas aspirinas para dor de cabeça. De acordo com seus contemporâneos, Heath era obcecado não só em curar a esquizofrenia, mas em realizar um avanço "espetacular", e talvez por isso tenha sido descuidado quanto ao projeto, a execução e a interpretação de seus experimentos.

Uma coisa que você não vai querer ouvir sobre seu médico é que "ele está à frente do seu tempo". Essa era a situação de Heath no final dos anos 1940. Os cientistas ignoravam onde o prazer era produzido no cérebro; alguns sequer acreditavam na *existência* de um centro de prazer no cérebro humano; e ninguém além de Heath estava procurando isso.[9] Por essa razão, ele sabia pouco sobre quais estruturas visar. Trabalhava sozinho, mexendo no cérebro dos outros com seus eletrodos de chumbo, confiando no processo de tentativa e erro.

Sem os benefícios da tecnologia moderna, naquela época o posicionamento dos eletrodos era muito aproximado, e quando inseridos de forma incorreta podiam causar sérias lesões cerebrais. Infecções graves também eram comuns. E o pior: dos dez primeiros pacientes de Heath, dois morreram. Outros sofreram convulsões. Um deles, quando a corrente foi ligada, começou a gritar, levantou-se da maca, rasgou as roupas e gritou: "Eu vou te matar!".

A atitude de Heath em relação às perigosas complicações parecia decorrer do fato de aqueles pacientes já estarem gravemente enfermos e, portanto, não terem nada a perder. Na verdade, eles *eram* voluntários, e muita gente teria concordado com isso. Ainda assim, a julgar pelos padrões de hoje, isso parece só um passo à frente da Idade das Trevas em termos de ética. Um amigo neurocientista certa vez comentou comigo sobre a aceitação "revoltante" dos experimentos em humanos na cultura ocidental até cerca de 1980, não muito tempo atrás. Assim, uma espécie de movimento de reforma científica mais humanista levou a uma reconsideração dos riscos aos quais era aceitável expor indivíduos experimentais, e desde então os padrões mudaram. Por isso, parte do que era considerado plausível antes dos anos 1980 hoje pode levar alguém à prisão.

Heath interrompeu seus experimentos com eletrodos em esquizofrênicos em 1955, não pelo custo humano, mas porque sua teoria sobre a esquizofrenia estava errada e o tratamento não funcionou. Porém, assim como o mecânico pode abrir uma loja de escapamentos se sua oficina não der certo, nas décadas seguintes Heath continuou seus desordenados experimentos com eletrodos, agora em pacientes com outras doenças, como narcolepsia, epilepsia e dores crônicas. Também continuou a pesquisar os efeitos disso sobre a motivação e a emoção.

Apesar de equivocado quanto aos detalhes, Heath estava certo ao dizer que em geral as principais doenças psiquiátricas têm origem física. Infelizmente, as causas da esquizofrenia e de distúrbios semelhantes continuariam imprecisas por mais sessenta anos. Precisar essas origens revelou-se difícil porque os cientistas não conseguem distinguir se um paciente é esquizofrênico ou bipolar examinando o cérebro da pessoa falecida, tampouco há diferenças aparentes quando uma amostra de tecido cerebral é observada ao microscópio. Só em 2015, munidos de avanços recentes na genética, os cientistas começaram a descobrir as verdadeiras raízes dessas doenças. Ainda há muito a fazer, mas agora sabemos que elas surgem em pacientes com menos genes envolvidos na sinalização entre neurônios e mais genes relacionados a células neuroinflamatórias, o que leva a uma inflamação cerebral de baixo nível, porém crônica. O excesso de produção de dopamina, relacionada ao sistema de recompensa, também parece desempenhar algum papel, mas de maneira mais complexa e sutil que o déficit de prazer vislumbrado por Heath. Essas descobertas talvez resultem em tratamentos eficazes.[10]

Heath estava longe do alvo em suas ideias de que a esquizofrenia é causada por uma disfunção no centro de prazer. Mas o tempo acabou demonstrando que se encontrava no caminho certo no que diz respeito ao papel do centro do prazer na motivação. E sua convicção de que o prazer emana da atividade de regiões específicas do cérebro logo seria confirmada. Hoje, essas regiões são consideradas parte do sistema de recompensa, a chave para a motivação humana. Infelizmente para Heath, por limitações da tecnologia e pela sua abordagem indisciplinada da experimentação, não estava em seu destino descobrir ele próprio o sistema que buscou com tanta paixão. Pouco depois de interromper os experimentos sobre a esquizofrenia, o sistema de recompensa foi descoberto por dois jovens cientistas, que o localizaram por acaso enquanto aprendiam a inserir eletrodos em ratos de laboratório na Universidade McGill.

De onde vem a motivação

Ironicamente, a mesma impossibilidade de localizar com precisão onde inserir os eletrodos, que tanto atormentou Heath, resultou num golpe de sorte para James Olds e Peter Milner.[11] Em 1953, Olds era novo no pós-doutorado. Não tinha experiência em trabalhar com cérebros de roedores, e por isso foi orientado por Milner. Para aprimorar sua técnica, Olds decidiu implantar um eletrodo em um roedor, visando a uma região próxima à base do cérebro, na época um objeto de estudo popular. Ele não percebeu, mas errou o alvo.

Quando o rato se recuperou da operação, Olds testou o efeito de estimular seu cérebro. Colocou o roedor numa grande caixa e disparou pequenos choques elétricos pelo eletrodo. Percebeu que depois disso o animal ficava farejando em volta do ponto da caixa onde sentiu o estímulo e sempre voltava para lá se fosse afastado. Também notou que, se começasse a estimular o cérebro do rato em outro ponto da caixa, o animal corria para lá. Na verdade, Olds descobriu que poderia motivar o rato a ir para qualquer lugar da caixa se estimulasse seu cérebro quando ele estivesse lá. Aparentemente, o rato gostava do estímulo e voltava para ganhar mais.

Ao radiografar o cérebro do rato, os pesquisadores descobriram que Olds havia inserido o eletrodo em uma estrutura então obscura, nas profundezas do cérebro, chamada núcleo accumbens. O accumbens é uma importante estrutura do sistema límbico localizada bem no fundo do cérebro. Há um accumbens em cada hemisfério cerebral. Nos humanos, cada qual tem o tamanho aproximado de um cubo de açúcar ou de uma bola de gude.

Olds e Milner conseguiram outros ratos e inseriram eletrodos nos accumbens para ver se conseguiam reproduzir o efeito encontrado no primeiro rato. Deu certo. Em seguida, organizaram as coisas de forma que os próprios ratos pudessem estimular os eletrodos, acionando uma alavanca. Para espanto dos cientistas, os animais ficavam obcecados com a autoestimulação, acionando a alavanca dezenas de vezes por minuto. Os ratos perderam o interesse por qualquer outra coisa — pelo acasalamento e até por comer e beber. Mesmo que tivessem água em abundância, eles continuavam acionando a alavanca até morrer de sede.

Os pesquisadores deduziram que os ratos ficavam obcecados porque os accumbens desempenhavam um papel em seus sentimentos de prazer emocional. Como Heath acreditava, parecia que o cérebro dos ratos tinha um centro de prazer, e que as sensações de prazer motivavam os ratos ainda mais que o instinto de autopreservação. Os cientistas começaram a investigar quais outras áreas do cérebro inspirariam a autoestimulação. Descobriram várias, ao longo da linha mediana do cérebro e conectadas por um enorme feixe de fibras nervosas, todas elas partes do que hoje chamamos de sistema de recompensa.

Olds e Milner concluíram, como Heath, que a obtenção do prazer é nossa principal fonte de motivação. Os dois publicaram um artigo sobre a pesquisa, intitulado "Positive Reinforcement Produced by Electrical Stimulation of Septal Area and Other Regions of Rat Brain" [Reforço positivo produzido por estimulação elétrica da área septal e de outras regiões do cérebro de ratos]. O jornal local, *The Montreal Star*, teve uma visão mais sensacional do trabalho, estampando a manchete: "McGill abre um novo e vasto campo de pesquisa com a descoberta de 'área de prazer' do cérebro: Pode se revelar a chave para o comportamento humano". Foi o avanço espetacular com que Heath havia sonhado, só que realizado por outros.

Isso nos traz de volta ao artigo sobre o homem e a prostituta. A descoberta de Olds e Milner inspirou muitos cientistas a realizar experimentos em animais. Heath, com sua ética toda própria, foi um dos influenciados por esse trabalho. Abandonando suas pesquisas sobre esquizofrenia, decidiu aplicar os resultados de Olds e Milner a seus próprios experimentos. Começou a inserir eletrodos nos accumbens e nas áreas adjacentes, exatamente como eles haviam feito — mas em cérebros de *humanos*, não de ratos.

Heath acabou desenvolvendo uma forma de manter os eletrodos no lugar mesmo quando o paciente se mexia, tornando possível estudá-lo em ambiente de vida real, e o contexto da vida real que mais empolgava Heath era o sexual. No artigo de 1972, ele descreveu uma série de experimentos em que combinava estimulação com eletrodos e filmes pornográficos, e, em um caso, com os serviços de uma prostituta, para monitorar as ondas cerebrais de seus pesquisados durante o orgasmo. Heath teve sucesso em produzir orgasmos, mas não em entender seu mecanismo.

O método científico existe por um bom motivo: refrear quaisquer conclusões precipitadas e orientar na direção de conclusões válidas. A ciência geralmente avança em pequenos passos, não em grandes saltos. Ao contrário de nossas teorias sobre a vida cotidiana, na ciência cada ideia e hipótese deve ser exata, e cada experimento, conduzido com precisão meticulosa. Depois de um desempenho especialmente bom, um jogador de basquete pode se convencer de que atua melhor quando usa certo par de meias mágicas, mas para convencer um cientista você teria de quantificar o que entende por "melhor", jogar muitas partidas com as meias mágicas e com outras meias e analisar as estatísticas resultantes. Magic Johnson era um ótimo apelido para um jogador de basquete, mas como cientista eu não ficaria lisonjeado em ser chamado de Magic Mlodinow.

Contudo, a meticulosidade científica não era o estilo de Heath. Ele tinha algumas das características mais importantes de um grande cientista: era inteligente e criativo, um visionário com um bom enfoque dos processos físicos que criam a motivação. Mas era desleixado e imprudente. Considerá-lo um grande cientista apesar desses aspectos seria o mesmo que dizer: "Ele é um grande chef, embora queime tudo o que cozinha". Ainda que tenha sido um pioneiro quanto ao papel e ao mecanismo do prazer no cérebro, Heath estava fora da corrente dominante tanto em suas ideias quanto nos métodos escolhidos para estudá-las. E assim, mesmo sendo um pioneiro com teorias promissoras, produziu mais de quatrocentos trabalhos publicados que lançam pouca luz sobre o tema e agora são meras curiosidades científicas, tendo cabido a outros realizar o potencial das ideias dele.

A alegria de ser um mamífero

Os animais estão sempre enfrentando situações que implicam oportunidades e desafios. Saem em busca de alimento, caçam e são caçados. Para sobreviver, devem processar os sinais que recebem do ambiente e necessitam de um estado fisiológico interno que gere um comportamento eficaz. Este é o propósito dos nossos sistemas motivacionais.

As formas de vida mais primitivas reagiram com sucesso ao ambiente sem a ajuda de um sistema motivacional neural, ou até mesmo de neurônios. As bactérias, por exemplo, não têm sistema de recompensa. Não agem em busca de prazer, mas sim porque encontram uma molécula que desencadeia uma resposta automática. Conforme já se examinou, elas sentem e respondem à presença de nutrientes e, quando colocadas em um ambiente de escassez, unem-se e cooperam para melhorar em eficiência. Esnobam vizinhos que consomem fontes de energia mas não colaboram. Defendem seu território contra outros grupos de bactérias e ajustam a estratégia de "batalha" conforme seus números relativos. Realizam seus feitos de sobrevivência emitindo e absorvendo uma grande variedade de moléculas. O sucesso dessa abordagem se reflete nos números. No corpo humano, por exemplo, há mais células bacterianas do que células humanas. Isso não é uma anomalia: a biomassa das bactérias na Terra excede a de todas as plantas e animais. Portanto, embora você possa pensar nos humanos como os reis da cadeia alimentar, também é possível considerá-los fazendas móveis de bactérias.

Por mais eficazes que sejam as bactérias, sem nenhum sistema de recompensa, a colônia só pode responder a estímulos de maneira automática, como se fossem máquinas bioquímicas de Rube Goldberg.* Essa é uma estratégia inerentemente inflexível e portanto limitante. Organismos como as planárias, que há 560 milhões de anos foram uma das primeiras formas de vida dotadas de sistema nervoso, deixaram de depender de respostas pré-programadas. Essas criaturas ganharam uma outra habilidade: avaliar situações novas e reagir com ações adaptadas a circunstâncias e objetivos específicos.[12]

Vemos os rudimentos de um sistema de recompensa até no mais simples desses organismos multicelulares. A lombriga nematoide *C. elegans*, por exemplo, com apenas 302 neurônios, integra o input sensorial usando um sistema nervoso centralizado e utiliza a dopamina, um dos neurotransmissores característicos do nosso sistema de recompensa, para orientar seu comportamento na busca de alimento.[13]

Com a evolução dos vertebrados — répteis, anfíbios, aves e mamíferos —, surgiu a arquitetura do sistema de recompensa mais complexo que os humanos têm hoje. O sistema de recompensa dos vertebrados é uma rede motivacional multifacetada, ativada de maneiras semelhantes por diferentes tipos de estí-

---

* Engenhocas complexas projetadas para atingir um objetivo trivial, popularizadas nos desenhos animados de Rube Goldberg, cartunista ganhador de prêmio Pulitzer em 1948. (N. T.)

mulo prazeroso. É mais sofisticado no cérebro dos mamíferos que no de outros animais.

Uma bactéria que detecta nutrientes nas proximidades é programada para ir atrás deles e evitar moléculas inúteis ou prejudiciais. Um ser humano (saudável) acha mais *satisfatório* comer uma laranja do que mastigar um Cessna 150. A composição bioquímica da bactéria determina se ela absorve uma molécula que passa flutuando. Um mamífero *decide.* Essa é a vantagem operacional do sistema de recompensa. Nós não reagimos automaticamente; pesamos uma variedade de fatores antes de escolher nossas ações. O cérebro avalia o prazer de cada experiência potencial levando em consideração os custos possíveis, utilizando o que sabe, por meio do afeto central, sobre nosso estado corporal, as consequências futuras de várias ações e outros dados relevantes. Só depois dessa análise o cérebro decide nosso objetivo e nos motiva a agir.

Robert Heath se aposentou em 1980. Na época, após décadas de pesquisas meticulosas, outros estudiosos esclareceram muitos dos detalhes do sistema de recompensa dos humanos e de vários outros animais. Em meados dos anos 1980, os livros didáticos de psicologia explicavam que o sistema de recompensa é um alegre conjunto de estruturas que nos motiva, por meio de sentimentos de prazer, a realizar as ações necessárias para sobreviver e prosperar. De acordo com essa teoria, evitamos o que causa dor e desconforto e agimos para maximizar o prazer, interrompendo o processo quando um ciclo de retroalimentação de saciedade no cérebro diminui o prazer proporcionado pelo sistema de recompensa. É por isso que somos levados a comer — e em algum momento a parar de comer — chocolate e cheesecake.

A teoria do sistema de recompensa explicava a motivação muito melhor que a antiga teoria da pulsão. Mas alguns pesquisadores, especialmente os que estudam o vício, continuaram topando com perguntas que o modelo tinha dificuldade de responder. Por exemplo, alguns viciados continuavam a usar drogas, apesar de declararem que não gostavam mais do efeito. O que os motivava? Ninguém sabia. Mas ninguém questionava a teoria do sistema de recompensa, até que um cientista solitário, confrontado por um experimento que não conseguia fazer funcionar, finalmente percebeu que a falha não estava em seu método laboratorial. Era na teoria em que os procedimentos experimentais se baseavam. E assim começou uma nova revolução na nossa compreensão dos sistemas de recompensa animal. O grau de prazer que experimentamos, compreendeu esse cientista, é apenas metade da história do sistema de recompensa.

Querer versus gostar

A nova revolução do sistema de recompensa redefiniria a compreensão dos psicólogos sobre a conexão entre prazeres e desejos. Sempre foi claro que podemos decidir não buscar algo de que gostamos por sabermos que não é saudável ou considerarmos que não é ético. Esse é um exemplo de como usar a vontade consciente para controlar o comportamento. Mas isso não significa que, saúde ou ética à parte, não gostamos daquilo de que nos privamos. Recusar um brownie para continuar cabendo nas calças não significa falta de vontade de comer chocolate, é só a capacidade de superar a vontade, e os psicólogos sempre acreditaram que nossa capacidade de adiar ou recusar experiências agradáveis não muda o fato de as desejarmos. Querer aquilo de que gostamos e gostar do que queremos parecia axiomático. O fato de não ser verdadeiro exigiu quase trinta anos para ser aceito.

O primeiro passo para esse entendimento se deu pouco antes do Natal de 1986, quando Kent Berridge, então um jovem professor assistente na Universidade de Michigan, recebeu um telefonema de Roy Wise. Na década anterior, Wise havia feito um trabalho inovador sobre o papel da dopamina no sistema de recompensa, produzindo estudos que colocaram o neurotransmissor nos noticiários com o rótulo de "molécula do prazer".[14] Wise queria se associar a Berridge porque este era um especialista em interpretar expressões faciais de ratos. Ao observar atentamente um rato, Berridge conseguia detectar emoções que iam da alegria à aversão. Era uma especialidade esquisita, mas Wise tinha em mente um experimento sobre o prazer, e não havia muita gente que soubesse determinar quando o rato está se divertindo (nem muita gente interessada nisso). Mas Berridge escreveria sobre o assunto, uma resenha literária de 25 páginas que ganhou mais de quinhentas citações em periódicos acadêmicos.[15]

O cérebro de um rato, embora tenha a mesma estrutura básica, é muito mais simples que o de um ser humano, assim como a psicologia do rato. Para o rato, qualquer gaiola montada com uma fonte de água com açúcar é um restaurante de três estrelas do Michelin. Wise raciocinou que, se a dopamina fosse realmente a molécula do prazer, impedir sua ação deveria tornar a água com açúcar não mais prazerosa do que serragem molhada. Assim, pensou em injetar em ratos uma droga que bloqueava o neurotransmissor e comparar as reações dos ratos à guloseima antes e depois da injeção.

Wise esperava que antes do bloqueador os ratos pusessem as linguinhas para fora e lambessem os lábios com prazer, como fazem normalmente nessas situações. Quando o bloqueador fosse injetado, supôs ele, a reação de prazer diminuiria. Mas como quantificar essa mudança? E aí é que a experiência de Berridge era importante: a frequência da lambida é uma indicação do grau de prazer do rato e pode ser medida por um instrumento específico. Berridge, que já admirava "a beleza" do trabalho de Wise, ficou animado com a ideia de parceria com o famoso cientista.

O experimento fracassou. Os ratos fizeram as mesmas caras de prazer antes e depois de a dopamina ser bloqueada. Se fosse um filme de Hollywood, naquela noite Berridge iria para casa desanimado, olharia fixamente para a lareira e teria uma epifania dramática explicando tudo. Na vida real, os cientistas não levaram aquele fracasso muito a sério. "Às vezes você faz um experimento e simplesmente não funciona", disse Berridge. A gente tenta novamente. E foi o que ele fez. Mas não houve diferença nas reações dos ratos.

Wise acabou perdendo o interesse pelo assunto. Berridge, contudo, mais jovem e talvez mais aberto a novas ideias, tentou outra vez, agora usando uma poderosa neurotoxina que ataca a dopamina e a "remove completamente". Os ratos seguiram lambendo os lábios alegremente. Mas dessa vez Berridge notou algo estranho. Apesar de continuarem a apreciar a guloseima açucarada, os ratos com a dopamina bloqueada não tomavam iniciativa de beber o líquido por conta própria. Na verdade, se não fossem alimentados à força, morreriam de fome. O *prazer* da água com açúcar não foi obliterado, mas a *motivação* para tomar a água foi.

Os experimentos de Berridge pareciam contradizer a sabedoria consensual de que é o prazer que nos motiva. Também pareciam violar o bom senso. Como era possível que os animais não se sentissem atraídos por um alimento que lhes dava prazer?

Berridge ponderou que em nosso sistema de recompensa há uma diferenciação entre gostar de alguma coisa e a motivação para buscá-la, que ele chamou de "querer". Tendemos a querer aquilo de que gostamos, mas essa conexão seria uma necessidade lógica, perguntou-se? Seria possível gostar de alguma coisa mas não ter motivação para obtê-la?

Pense na programação de um robô. No cérebro do robô, o grau de prazer "sentido" em qualquer situação pode ser representado por um número em algum registro. O programa forneceria uma receita do que causa prazer ao robô e quantificaria quanta satisfação cada gatilho de prazer causaria e por quanto tempo. O grau de prazer do robô — o número no seu registro de prazer — variaria com o tempo, dependendo das experiências do robô.

Digamos que o robô está passeando ao ar livre e acidentalmente encontra algo que sua programação define como prazer, como o suave perfume de rosas ao longe. Ir em direção às rosas pode tornar o perfume mais forte e aumentar o prazer, mas iniciar uma nova ação requer uma decisão ou comando. Portanto, a menos que a programação do robô também inclua uma instrução do tipo "Agir para aumentar seu nível de prazer", o robô não mudará o curso para se aproximar das rosas. Isso exigiria dois sistemas — um para definir "prazer" e outro para controlar "querer", as circunstâncias que desencadeiam a ação para obter o que aumenta o registro de prazer.

Isso é o que os experimentos de Berridge o levaram a entender sobre os seus ratos: gostar (isto é, prazer) e querer/desejar (isto é, motivação) são produzidos por dois subsistemas distintos, mas interconectados no nosso sistema de recompensa.[16] Berridge especulou que a mesma coisa se aplicava aos humanos. Temos um "registro de prazer" no nosso sistema de recompensa — nosso circuito de "gostar" —, mas precisamos ser programados para buscar aquilo de que gostamos. Portanto, nós temos um circuito em separado de "querer" no nosso sistema de recompensa determinando se estamos motivados o suficiente para buscar qualquer instância específica de prazer.

Pelo menos cem neurotransmissores foram identificados no cérebro humano. Na maior parte dos casos, cada neurônio é especializado na utilização de um só neurotransmissor para enviar seus sinais. Se o sistema de querer funciona à base de dopamina, mas o sistema de gostar não, raciocinou Berridge, isso poderia explicar os resultados de seus experimentos: ao bloquear a dopamina, ele estava eliminando o sistema de querer dos ratos, mas não os circuitos usados para gostar. Se estivesse certo, a dopamina não seria a "molécula do prazer", mas a "molécula do desejo".

Berridge foi em busca de evidências para sua hipótese. Já havia produzido criaturas que gostavam de refeições de água com açúcar mas não as desejavam. Seria possível produzir ratos que quisessem as refeições mas não gostassem delas? Sim: usando uma minúscula corrente elétrica para estimular os circuitos de desejo dos ratos, ele os induziu a tomar uma solução amarga de quinino que, a julgar pelas expressões faciais quando a beberam, os ratos acharam intragável.[17]

Essa era uma forte evidência de que querer e gostar operavam de forma independente no cérebro, mas Berridge foi ainda mais longe. Ele descobriu que o subsistema de gostar utiliza opioides e endocanabinoides — as versões naturais do cérebro de heroína e maconha — como neurotransmissores. É por isso que usar essas drogas amplifica o prazer sensorial: elas são as verdadeiras "moléculas de prazer" do cérebro.[18] E, quando Berridge bloqueou esses neurotransmissores, os ratos se comportaram como ele teorizou: pareciam não mais gostar de suas refeições de água com açúcar, porém como seus circuitos baseados na dopamina estavam intactos, eles ainda as queriam.[19]

Berridge passou a procurar evidências para essas dissociações entre querer e gostar no comportamento humano. Em retrospecto, elas são fáceis de encontrar. Um exemplo ocorre em pessoas viciadas em drogas como a nicotina e que continuam querendo desesperadamente a sua dose mesmo quando isso produz pouca ou nenhuma sensação de prazer. Um exemplo mais inócuo é quando artigos atraentes expostos numa loja aumentam seu desejo de possuí-los, embora você não "gostasse" desses artigos antes de vê-los na vitrine. Na verdade, o foco da propaganda é estimular não o prazer de um produto, mas o desejo de tê-lo.[20] Às vezes, conseguir isso é muito fácil: basta a exposição ao produto ou a uma foto atraente dele. Em um experimento, o cérebro dos participantes foi sondado enquanto lhes eram exibidas imagens atraentes de alimentos com alto teor calórico. As imagens da comida estimularam seus circuitos de "querer" — em alguns mais que em outros.

Em experimento complementar, os indivíduos se inscreveram num programa de perda de peso com duração de nove meses, e os que reagiram mais intensamente às imagens tiveram maior dificuldade para emagrecer.[21] Os cientistas podem usar esses dados para prever, por meio de imagens cerebrais, se sua dieta irá funcionar.

Uma causa comum da incompatibilidade entre querer e gostar se origina das próprias lutas que enfrentamos para conseguir o que queremos. Os psicólogos descobriram que quando nos deparamos com barreiras para obter alguma coisa, às vezes mais queremos do que gostamos do que estamos buscando. Em 2013, um grupo de cientistas em Hong Kong testou essa teoria com 61 estudantes universitários do sexo masculino que acreditavam estar se envolvendo num exercício de encontro às cegas.[22] Os pesquisadores queriam que os alunos achassem que tinham informações sobre a pessoa com quem iriam se encontrar, mas, por se tratar de um experimento controlado, eles precisavam que todos os alunos se encontrassem com a mesma mulher. Assim, alguns dias antes do evento, eles mandaram aos estudantes perfis de quatro mulheres e pediram que escolhessem uma, porém os perfis foram projetados para tornar uma das mulheres bem mais atraente, e, como pretendido, todos os alunos a escolheram. Os encontros foram então combinados.

A mulher cujo perfil todos os estudantes preferiram na verdade era uma colaboradora dos pesquisadores. Ela foi instruída a ser receptiva a alguns dos voluntários, sorrindo muito, procurando tópicos de interesse mútuo e fazendo perguntas para mostrar interesse; os pesquisadores denominaram essa situação como "fácil de seduzir". Ao interagir com outros, ela foi orientada a ser mais reservada e às vezes se recusar a responder às perguntas do voluntário; os pesquisadores chamaram essa situação de "difícil de seduzir".

Depois dos encontros, foi solicitado aos participantes que avaliassem, em uma escala de 1 (muito negativo) a 7 (muito positivo), como se sentiam em relação à mulher com quem se encontraram. Também foram solicitados, na mesma escala, a informar "a força da própria motivação para vê-la novamente". De forma nada surpreendente, os alunos do sexo masculino designados para a situação "fácil de seduzir" gostaram muito mais da mulher. Contudo, foram os alunos da situação "difícil de seduzir" que se mostraram mais interessados em um segundo encontro. Os jovens estudantes gostavam das mulheres fáceis de seduzir, porém queriam as difíceis de seduzir. Uns 24 séculos depois, esse estudo finalmente validou o famoso conselho de Sócrates à cortesã Teódota, a quem disse que ela atrairia mais amigos se às vezes contivesse seu afeto até os homens se sentirem "famintos" de desejo.[23]

Mapeando o querer e o gostar no cérebro

Kent Berridge passou anos mapeando a anatomia do sistema de "gostar". Ele e sua equipe identificaram as fontes de prazer aplicando microinjeções de opioides em todo o cérebro e observando quais manchas aumentavam o prazer dos ratos, medido pelos movimentos da língua.[24] Berridge descobriu que o gostar não se origina de uma estrutura principal, e sim é distribuído em um conjunto de pedacinhos de tecido espalhados por todo o sistema de recompensa. Nos humanos, cada pedaço tem cerca de 1,3 centímetro de diâmetro. Berridge os chamou de "pontos quentes hedônicos".[25] Alguns estão nas profundezas do mesencéfalo, em estruturas como o accumbens e o pálido ventral (uma estrutura identificada e nomeada pelos anatomistas apenas cerca de uma década atrás). Outros estão no córtex orbitofrontal, que produz a experiência consciente de prazer.

Berridge descobriu que o accumbens é a estrutura-chave do nosso sistema de querer, que é muito mais centralizado que nossos circuitos de gostar. Sempre que nos sentimos compelidos a comer, beber, copular, cantar, ver televisão ou fazer exercícios, os sinais dos neurônios no accumbens tendem a ser nossa verdadeira inspiração. Só depois que surge ali o desejo passa para o córtex orbitofrontal, que cria nossa experiência consciente desse desejo.[26]

O sistema de querer é mais fundamental que o sistema de gostar. Encontra-se em todas as espécies de animais, mesmo nos mais simples e primitivos.[27] Ele evoluiu antes do sistema de gostar, e, na verdade, nos animais mais antigos, não há um sistema de gostar; o querer é motivado estritamente pelas necessidades de sobrevivência, como alimento e água. Isso é possível porque as criaturas conseguem sobreviver quando programadas para querer aquilo de que precisam, sem nunca ter a experiência de gostar do que precisam.

Se o inverso fosse verdadeiro — se fosse programado para gostar do que precisa, sem querer —, o organismo não seria motivado a satisfazer suas necessidades e morreria. Mas o sistema de gostar presente nas formas superiores da vida animal serve a um propósito muito útil: evita que nossos quereres e desejos comandem *diretamente* uma ação. Nesse sentido, o querer é estimulado pelo gostar, mas não de modo automático. Antes de ativar nossos circuitos de querer, o cérebro leva em consideração o gostar, além de outros fatores. Por exemplo, o alimento é uma necessidade básica e somos programados para gostar de comer. Mas, quando vemos um alimento atraente, em vez de devorá-lo sem pensar podemos fazer uma pausa enquanto o cérebro equilibra o prazer de comer com várias considerações nutricionais e estéticas. Foi a evolução do sistema de gostar que conferiu aos animais esse comportamento mais nuançado, em que podemos recusar algo que nos atrai. É interessante notar que, como essas decisões de "autocontrole" são determinadas pela mente consciente, em geral é possível aprimorar essa capacidade por meio da prática e da determinação.

Recentemente, Berridge preencheu outra lacuna na radiografia da motivação. Tradicionalmente, as pesquisas sobre o sistema de recompensa se concentravam na motivação para adquirir coisas, mas não para evitá-las, o que parece igualmente importante. Porém, alguns anos atrás, Berridge descobriu que o accumbens controla não só o querer mas também o seu oposto: a motivação para evitar ou fugir.[28] Enquanto uma extremidade dessa estrutura cria o desejo, a outra, aparentemente, dá origem ao medo. Entre os dois extremos existe um gradiente. Berridge o compara a um teclado musical que pode ser tocado nos dois extremos, mas que também inclui muitas notas intermediárias.

O mais interessante sobre essa descoberta é que o teclado do accumbens pode ser afinado pelo contexto e por fatores psicológicos. Um ambiente sensorial estressante e superestimulante, como luzes excessivamente vivas ou música alta, expande a fronteira da zona de geração de medo, enquanto encolhe a fronteira da zona de geração de desejo. Por outro lado, um ambiente tranquilo e aconchegante altera o teclado de maneira oposta, expandindo o desejo e encolhendo o medo.

Esses são fenômenos dignos de nota, pois podem operar em um nível inconsciente e exercer seus efeitos sem que você perceba qual a raiz. Eu tinha uma amiga que trabalhava num escritório barulhento e percebeu que, desde que começara naquele emprego, parecia estar sempre num estado de ansiedade latente, mas não conseguia identificar o problema. Quando suspeitou do barulho, passou a usar fones de ouvido e a ansiedade se dissipou. Algumas pessoas são mais afetadas por esses fatores ambientais do que outras, mas em geral o trabalho de Berridge ajuda a explicar por que podemos reagir de maneira diversa à mesma situação em diferentes contextos ambientais.

Ao longo de anos de meticulosas pesquisas, Berridge criou uma nova e revolucionária teoria do sistema de recompensa. Precisou lutar para fazer isso. Roy Wise, seu primeiro mentor, não aceitou suas conclusões. Nem ninguém mais. Por isso, durante os primeiros quinze anos, Berridge teve de trabalhar na sua teoria sem qualquer financiamento, encaixando-a em outros projetos. Quando finalmente obteve dinheiro, em 2000, conseguiu acelerar o ritmo. Mas ainda demorou mais uma década e meia para suas ideias serem reconhecidas. Só recentemente os céticos começaram a se calar, e desde 2014 seus artigos vêm tendo um número constante de 4 mil citações por ano. "Kent é um dos grandes pioneiros", disse seu atual colaborador em Oxford, Morten Kringelbach. "E [ele] chegou lá sem dar bola para o que todo mundo dizia."

Obesidade e alimentos processados

Nos últimos estágios da Segunda Guerra Mundial, meu pai foi prisioneiro no campo de concentração de Buchenwald, cujo nome se deve à localização nas florestas de faias de Weimar, na Alemanha. Apesar de milhares de prisioneiros de Buchenwald terem morrido em consequência de experiências com humanos, enforcamentos ou fuzilamentos determinados por simples caprichos dos guardas da ss, a teoria sobre a qual o campo se fundamentava era chamada de *Vernichtung durch Arbeit*, "Extermínio pelo trabalho". O plano era fazer os prisioneiros trabalharem até morrer.

Meu pai foi mandado para Buchenwald no final de 1943. Seu peso se tornou um relógio marcando o tempo rumo à sua morte. Os 73 quilos que pesava estavam reduzidos à metade na primavera de 1945. Então, em 4 de abril daquele ano, a 89ª Divisão de Infantaria dos Estados Unidos invadiu Ohrdruf, um subcampo no complexo de Buchenwald. Nos dias que se seguiram, com o avanço do Exército americano, o campo principal foi evacuado pelos alemães. Milhares de prisioneiros foram forçados a participar das "marchas da morte" da evacuação. Outros, contudo, conseguiram tirar vantagem do caos. Meu pai estava nesse caso. Ele e um amigo, Moshe, entraram em um celeiro, onde se esconderam atrás de uma pilha de caixas. Ficaram ali encolhidos de frio por vários dias, tendo só um ao outro para se aquecer e sem comida ou água, temendo sair.

No dia 11 de abril, às 15h15, um destacamento dos Estados Unidos, o IX Batalhão de Infantaria Blindada, chegou ao portão de Buchenwald e libertou o acampamento. Não foi uma chegada silenciosa, meu pai e Moshe ouviram a comoção e saíram do esconderijo. De volta à luz, encontraram soldados americanos, muitos deles adolescentes ou mal saídos da adolescência, horrorizados ao ver os prisioneiros emaciados e os cadáveres ainda empilhados por toda parte.

Os americanos foram generosos. Ofereceram ao meu pai e a Moshe tudo o que tinham. Chocolate, salame, cigarros, cantis de água potável. Como meu pai me contou depois, famintos como estavam após anos de privação e dias de abstinência total, eles teriam achado apetitosos até mesmo um roedor ou uma poça d'água. Mas naquele dia meu pai e seu amigo tiveram um belo banquete. Meu pai se conteve, mas Moshe não parava de comer. Consumiu um salame inteiro. Poucas horas depois, teve um grave problema intestinal. Morreu no dia seguinte.

Assim como em todos os aspectos da nossa constituição, há diferenças individuais, e a constituição do meu pai o fez se conter quando o pobre Moshe não conseguiu. Em geral, o sistema motivacional dos mamíferos costuma operar dentro de uma gama de circunstâncias comuns, mas não nos extremos. Em situações extremas, todos nós somos criaturas tremendamente exageradas. Os ratos, por exemplo, se colocados num programa de alimentação restrito durante o qual comem menos do que o normal, quando tiverem livre acesso à comida vão se empanturrar.[29] Quando o ambiente fica ruim, nosso sistema neural, apropriado em circunstâncias normais, pode nos levar à morte, como aconteceu com o amigo do meu pai. É uma questão que surge sempre que uma sociedade é conturbada, e um problema diário para as vítimas de um sistema de recompensa desequilibrado ou mal orientado.

E ainda tem gente cujo trabalho é garantir que nosso sistema de recompensa *seja* mal direcionado, por lucrar com isso.

Considere a indústria de alimentos processados. Por volta da virada do milênio, um fornecedor de cheesecake congelado reviveu temporariamente seu antigo slogan, "Não há quem não goste de Sara Lee".[30] Dez anos depois, os neurocientistas Paul Johnson e Paul Kenny observaram o quanto eles estavam certos, demonstrando que os ratos e camundongos estudados pelos cientistas estavam entre os que gostavam dos produtos Sara Lee. É duvidoso que a Sara Lee Corporation algum dia usasse um slogan como "Até roedores adoram Sara Lee", mas existe uma boa razão para o fascínio universal de seus produtos: trata-se de uma sinfonia de açúcar, gordura, sal e produtos químicos, orquestrados para agradar porém jamais saciar.[31] "A mistura é tão viciante e prejudicial à saúde que, quando Johnson e Kenny ofereceram aos ratos cheesecake junto com sua ração habitual, em apenas quarenta dias eles aumentaram de peso de 325 gramas para 500 gramas e sofreram alterações patológicas em partes do cérebro. É algo impressionante, mesmo para o complexo laboratório-químico-num-saquinho de trinta ingredientes que é a Sara Lee.[32]

Para ser justo, os ratos do estudo não adoraram só Sara Lee, mas também muitos outros alimentos altamente processados. Com acesso a uma "lanchonete" 24 horas que também incluía glacê, doces e bolo, os ratos foram sujeitos de um experimento de laboratório sobre dieta e sistema de recompensa. O objetivo dos pesquisadores era estudar a "disfunção de recompensa semelhante ao vício" que leva a comer compulsivamente. Induzir a compulsão de comer com junk food se mostrou assustadoramente fácil, pois esse é exatamente o objetivo da maioria dos produtores de alimentos processados e de fast-food. Como disse o ex-executivo da Coca-Cola,

Todd Putnam, os esforços de sua divisão de marketing se resumiam a: "Como podemos injetar mais gramas em mais corpos com maior frequência?".[33]

Pode parecer estranho se referir ao consumo excessivo de alimentos processados como um vício, mas o termo hoje não é tão estritamente definido como no passado — uma dependência química, tal como a associada a drogas e/ou ao álcool. Com base em novas pesquisas neurocientíficas, o vício passou a ser entendido num sentido bem mais amplo. Atualmente, games e o uso da internet, apostas, sexo e comida são considerados vícios em potencial, com uma raiz em comum. Refletindo esse fato, em 2011 a Sociedade Americana de Medicina da Adição redefiniu o vício como "uma doença crônica e primária de recompensa do cérebro".[34]

Quando nosso sistema de recompensa está operando tal como pretendido pela evolução, gostar e querer agem em conjunto, ainda que de forma complexa e matizada, que nos permite distinguir entre os dois. Se gostamos de sexo ou de sorvete, podemos ser motivados a seguir nossos impulsos — ou, como Berridge demonstrou, talvez não. Mas substâncias e atividades viciantes causam alterações físicas no accumbens, aumentando drasticamente a quantidade de dopamina liberada e superestimulando os circuitos de querer do organismo.[35] Cada episódio amplifica esse efeito, produzindo impulsos cada vez mais fortes para repetir o comportamento viciante. Os cientistas chamam isso de "sensibilização". As alterações físicas são duradouras e podem até se tornar permanentes. Por infortúnio, as drogas viciantes costumam ter o resultado oposto no sistema de gostar. Os efeitos subjetivos de prazer com a droga diminuem com o desenvolvimento da tolerância. Consequentemente, quanto maior for o período da dependência, mais a droga é desejada e menos é apreciada.

Algumas pessoas são particularmente vulneráveis a essa dinâmica. Os geneticistas que empregam novas tecnologias estão descobrindo uma conexão genética: a suscetibilidade de um indivíduo ao vício parece depender de genes relacionados aos receptores de dopamina no sistema de querer.[36] Como os vícios são diversos e bastante comuns, podem ser vistos como uma falha importante no nosso projeto genético. Mas não é bem assim; raramente se encontra vício em ambientes naturais. Não era um problema nas sociedades nômades de caçadores e coletores, e os ratos e camundongos só se viciam quando expostos a criações humanas num ambiente laboratorial. Atualmente, os vícios que assolam os humanos são como um subproduto da sociedade humana "civilizada", na qual criamos cheesecakes com trinta ingredientes, drogas perigosas e outros produtos que Nikolaas Tinbergen, cientista ganhador do prêmio Nobel, chamou de "estímulos supranormais".[37]

O vício e os estímulos supranormais

Tinbergen topou com o conceito de estímulo supranormal em um ambiente improvável: estudando peixes esgana-gatas nos tanques do seu laboratório na Holanda. Os esgana-gatas machos têm uma barriga vermelha e brilhante. Mesmo quando mantidos em aquário, marcam seu território e atacam outros machos que o invadam. Para estudar esse comportamento, Tinbergen e seus alunos puseram peixes mortos pendurados em fios perto dos machos. Por uma questão de conveniência, depois eles os substituíram por fac-símiles de madeira. Logo perceberam que era a vermelhidão da barriga que provocava os ataques. Os esgana-gatas não se incomodavam com uma réplica de madeira se a barriga não fosse vermelha, mas atacavam objetos bem pouco parecidos com peixes se tivessem a parte inferior vermelha. Os machos nos tanques perto da janela entravam em modo de ataque se uma caminhonete vermelha passasse na rua. Mais importante, Tinbergen observou que o peixe ignoraria um esgana-gata real para lutar contra um boneco se este fosse pintado de um vermelho mais brilhante que o do peixe verdadeiro.

Aquele boneco vermelho brilhante representando um peixe era um estímulo supranormal: um constructo artificial capaz de estimular o esgana-gata com mais intensidade que qualquer estímulo natural. Tinbergen descobriu que não era difícil criar esses estímulos. Uma gansa acostumada a rolar um ovo perdido de volta para o ninho ignoraria o próprio ovo para tentar pegar uma bola de vôlei muito maior. Os filhotes ignoravam os pais para buscar comida em um bico falso montado sobre uma vara se tivesse marcas mais chamativas que as dos bicos dos pais. Para onde Tinbergen olhasse no reino animal, parecia possível sequestrar o comportamento natural de um bicho usando um estímulo artificial estrategicamente construído para exagerar seu apelo. E isso é exatamente o que os produtores de alimentos processados, a indústria do tabaco, os cartéis de drogas ilícitas e, no caso dos opioides, a Big Pharma está fazendo com seus "clientes" humanos.

A maioria das substâncias e atividades viciantes é um estímulo supranormal que perturba o equilíbrio natural do nosso mundo pessoal, como acontece no mundo dos esgana-gatas.

Por exemplo, drogas que causam dependência são em sua maioria bases vegetais refinadas como substâncias altamente concentradas, depois processadas para terem sua potência aumentada e possibilitar que seus ingredientes ativos sejam absorvidos mais depressa pela corrente sanguínea.[38]

Considere, por exemplo, a folha de coca: quando mascada ou fervida como chá, produz apenas um estímulo leve e tem pouco potencial viciante. Mas, quando refinada na forma de cocaína ou crack, a droga é rapidamente absorvida e altamente viciante. De modo semelhante, não teríamos uma epidemia de opioides se a única maneira de consumi-los fosse mastigar a planta de papoula. O mesmo vale para o cigarro: quando a planta do tabaco é colhida e processada para poder ser inalada como fumaça, centenas de ingredientes são acrescentados para realçar o sabor e o aroma e acelerar a absorção nos pulmões, tornando o produto daí derivado muito mais viciante que o tabaco não processado. O álcool também é um produto processado. Se em vez de comprar vodca numa loja as pessoas tivessem de comer batatas fermentadas e podres em sua forma natural, haveria bem poucos alcoólicos.

A epidemia de obesidade também tem suas raízes em estímulos supranormais ou, como os cientistas da área alimentar os chamam, em alimentos hiperpalatáveis. Para evitar a desnutrição, nosso cérebro evoluiu para gostar de alimentos ricos em calorias, como frutas vermelhas e carne animal, cheios de açúcar e/ou gordura. Porém, como eram relativamente escassos, a obesidade era rara. Na era pré-industrial, os humanos sobreviviam com uma dieta não processada rica em proteínas, grãos e produtos relativamente pobres em sal, e a obesidade também era uma coisa rara. Nas últimas décadas, contudo, os produtores de alimentos processados aprenderam a alterar os alimentos de forma análoga ao processamento empregado pelos traficantes para criar drogas que causam dependência. Assim que descobrem a que nosso sistema de recompensa responde, eles fornecem essa substância em forma concentrada, não natural e rapidamente absorvível pela corrente sanguínea — e, assim como nas drogas ilícitas, o efeito no sistema de recompensa aumenta.

Hoje as empresas de alimentos gastam milhões de dólares pesquisando maneiras de criar esses alimentos hiperpalatáveis. Elas chamam isso de "otimização do alimento". Como disse um psicólogo experimental formado em Harvard que trabalha na área: "Eu otimizei pizzas. Otimizei molhos para salada e picles. Nesse campo, eu sou um cara que vira o jogo".[39]

Os otimizadores viram o jogo porque a comida hiperpalatável pode interferir nas tendências naturais dos consumidores, assim como a bola de tênis interferiu no instinto materno do ganso ou o bico falso interferiu na alimentação dos filhotes. O resultado é que as pessoas desejam o alimento otimizado bem mais do que se justifica pelo que é proporcionado.

Estima-se que a obesidade cause 300 mil mortes por ano só nos Estados Unidos.[40] É uma situação que se desenvolveu gradualmente. Assim como o proverbial sapo na panela de água aquecida lentamente, nós só percebemos o que estava acontecendo quando já era tarde demais. A disponibilidade de remédios viciantes e o avanço da ciência dos alimentos comerciais contribuíram para enganar o sistema de recompensa emocional humano. A ciência pode elucidar os mecanismos pelos quais os alimentos nos viciam, mas cabe aos consumidores acatar o aviso e deixarem de ser manipulados até se tornarem obesos.

O design e a mecânica do nosso sistema de querer e gostar são fascinantes, do mesmo modo que a história de como descobrimos seus mecanismos. Agora que sabemos como o sistema de recompensa funciona em um nível molecular, alguns aprendem a manipulá-lo para obter lucro explorando nosso comportamento e nossa bioquímica — como fizeram a indústria do tabaco, de alimentos e das drogas (tanto os cartéis como, em alguns casos, a Big Pharma). Mas, como consumidores conscientes, podemos usar o conhecimento acerca do que eles estão praticando para derrotar seus objetivos, fazendo escolhas melhores e mais saudáveis.

7. Determinação

Mike Tyson estava perto do seu oponente. Isso foi no mundial de pesos-pesados em Tóquio, Japão, em fevereiro de 1990. Faltavam cinco segundos para terminar o oitavo assalto.[1] Ninguém esperava que o adversário de Tyson, James "Buster" Douglas, chegasse tão longe. Agora, com os cotovelos abertos e as luvas protegendo o queixo, os braços de Douglas formavam um círculo apertado. Ele olhou para Tyson, que, com os joelhos dobrados, dava a impressão de ser uma cabeça mais baixo. Douglas parecia provocar o adversário.

Num piscar de olhos, Tyson se aprumou. Sua luva direita passou pelo círculo formado pelos braços de Douglas e encaixou um uppercut violento no queixo do oponente. A cabeça de Douglas girou para a direita. As pernas se dobraram. Ele cambaleou para trás, caiu de costas e deslizou sessenta centímetros pela lona do ringue.

Douglas estava atordoado quando o árbitro começou a contagem. Só quando ele chegou a sete Douglas finalmente se apoiou no cotovelo e começou a se levantar. Quando o árbitro contou o número nove ele estava de pé, mas cambaleava. "[Nocauteado] em pé", como descreveu Larry Merchant, comentarista da HBO. Se isso tivesse acontecido dez segundos antes, Tyson teria atacado e acabado com Douglas, mas Douglas foi salvo pelo gongo anunciando o fim do round. Chegou ao seu corner, onde teve sessenta segundos para deixar de ver estrelas antes do assalto seguinte.

Pouco antes de o gongo soar para o reinício da luta, Merchant disse que uma vitória de Douglas "faria os conflitos" na Europa Oriental — que passava pelo caos que levou à queda do império soviético — "parecerem problemas municipais". Seu colega comentarista, Sugar Ray Leonard, disse que o mundo ficaria "chocado" se Douglas conseguisse passar dos primeiras assaltos. Em Las Vegas, Jimmy Vaccaro, bookmaker do cassino Mirage, abriu as apostas pagando 27 para 1 a favor de Tyson. Ainda assim, declarou, "as pessoas só apostavam no Tyson". Tentando equilibrar as apostas, Vaccaro aumentou as chances para 32 para 1 e depois 42 para 1. Nenhum outro cassino organizou apostas para aquela luta; eles não conseguiram encontrar ninguém disposto a apostar em Douglas. Por isso, organizaram apostas sobre quanto tempo duraria — isto é, sobre quanto tempo Douglas aguentaria até ser nocauteado por Tyson. Em suas últimas cinco lutas pelo título, Tyson tinha nocauteado todos os oponentes. Seu adversário anterior só aguentara 93 segundos.

Douglas não estava originalmente escalado para lutar contra Tyson. A "verdadeira" luta que todos esperavam seria travada em Atlantic City no mês de junho seguinte, entre Tyson e um boxeador mais talentoso, Evander Holyfield. Na verdade, em um jantar na noite anterior à luta de Douglas, o promotor de boxe Don King, então magnata do cassino de Donald Trump, e Shelly Finkel, empresário de Holyfield, se encontraram para discutir os planos da luta de Atlantic City, pela qual Tyson receberia 22 milhões de dólares e Holyfield, 11 milhões. Ninguém se importava com o confronto com Douglas. A luta de Tóquio era apenas um aquecimento, agendada de última hora, uma chance para o campeão ganhar algum dinheiro extra enquanto aguardava o grande evento. Tyson recebeu 6 milhões de dólares pela luta em Tóquio. Douglas, o desconhecido, recebeu a oferta de 1,3 milhão de dólares para levar uma surra. Era muito mais do que ele já havia ganhado.

Ninguém acreditava em Buster Douglas, a não ser sua mãe. Enquanto ele treinava para a luta, Lula Pearl Douglas começou a se gabar do filho pela cidade. Ele pediu para a mãe se conter, mas ela não atendeu. "Meu filho vai lutar com o campeão", dizia, "e vai quebrar a cara dele." Douglas também fez fantasias sobre contrariar as expectativas de todos e sobre todas as coisas que poderia comprar para a mãe com o que iria ganhar.

Três semanas antes da luta, Douglas foi despertado por um telefonema às quatro da manhã. Sua mãe tinha sofrido um grave derrame. Morreu quase instantaneamente, aos 47 anos. Douglas ficou arrasado. "Eu fiquei completamente sozinho", falou. "Ninguém conseguia entender a minha situação. Eu perdi minha melhor amiga, minha mãe. Eu realmente não tinha ninguém a quem recorrer." Seus agentes lhe deram a opção de desistir. Douglas não aceitou. "Minha mãe iria querer que eu continuasse forte", afirmou.

Sobre a queda de Douglas no oitavo assalto, James Sterngold, do *The New York Times*, declarou: "Minha reação imediata foi: a luta acabou". Foi a reação da maioria: ninguém se levantava depois de derrubado por Mike Tyson. Em seu corner, Douglas sabia que, se voltasse ao ringue, Tyson iria atacar com tudo, em busca do seu 34º nocaute. Douglas nem precisava continuar a luta. Ninguém esperava que ele fosse tão longe, nem que se levantasse depois do soco que o atingira, e ninguém o culparia se decidisse pegar seu 1,3 milhão de dólares e parar por ali. Mas ele preferiu não fazer isso. Levantou-se e voltou para enfrentar Tyson. Dois assaltos depois, faltando um minuto e 52 segundos para terminar o décimo round, Douglas disparou uma rajada de golpes e nocauteou Mike Tyson. Até hoje, décadas mais tarde, essa continua a ser a maior virada da história do boxe.

Depois de Douglas, outros começaram a vencer Mike Tyson. Ele era um lutador requintado porém tremendamente forte e agressivo. Todos os boxeadores tinham medo dele. Mas Douglas mostrou que, se alguém tivesse garra para aguentar os primeiros assaltos, Tyson começava a se cansar e o jogo podia mudar. Sem sua aura invencível, Tyson nunca mais foi o mesmo. Douglas também não durou muito. Acabou enfrentando Holyfield no lugar de Tyson e recebeu 20 milhões de dólares pela luta, porém já não mostrou a mesma garra. Foi nocauteado no terceiro assalto e abandonou os ringues logo em seguida.

Depois da luta com Tyson, quando um entrevistador perguntou a Douglas como ele tinha conseguido se recuperar da queda do oitavo round e continuar atacando; como ele, um desconhecido, conseguira fazer o que ninguém fizera até então, nocauteando Mike Tyson, Douglas respondeu com lágrimas nos olhos: "Minha mãe. Minha mãe… Que Deus a abençoe". A mãe acreditava nele e o motivara a corresponder ao seu sonho. Foi um momento comovente, embora meio clichê, e lança luz sobre um dos fatores mais importantes na experiência humana: a determinação. Naquela noite em Tóquio, Douglas teve muito mais determinação do que Tyson, e muito mais do que teria depois em sua luta contra Holyfield.

Se alguém perguntasse a Muhammad Ali quantas flexões ele conseguia fazer, a resposta seria: "Nove ou dez". É evidente que ele chegava a muito mais que isso. Porém, como escreveu em sua autobiografia, só começava a contar quando já tinha feito tantas que doía muito e não dava para continuar.[2] Buster Douglas não tinha a garra de Ali, mas naquela luta a morte de sua mãe ativou-lhe uma determinação de ferro para vencer.

É comum encontrarmos barreiras no caminho para nossos objetivos. São limitações de talento, problemas financeiros, questões físicas e circunstanciais. Mas a determinação é uma ferramenta que pode romper essas barreiras. Isso é verdade em todos os contextos da vida, mas fica especialmente aparente nos esportes, com suas regras fixas, vencedores e perdedores bem definidos e estatísticas. Na verdade, a vitória de Douglas não foi absolutamente um caso isolado: vezes e mais vezes, ao longo da história do esporte, vimos espíritos humanos extraordinariamente determinados conseguirem o que outros consideravam impossível. Correr 1,5 quilômetro em quatro minutos, por exemplo, foi uma façanha perseguida por atletas durante décadas, sem sucesso. O corpo humano, diziam os especialistas, era incapaz de fazer isso, e os atletas foram alertados de que podia ser perigoso tentar. Então, em 6 de maio de 1954, o estudante de medicina Roger Bannister correu 1,5 quilômetro em 3min59.4 e um mês depois o australiano John Landy marcou 3min58. Logo tornou-se rotina para um corredor de ponta quebrar a marca dos quatro minutos. Segundo a publicação *Track & Field News*, cerca de quinhentos americanos já venceram essa barreira, e mais de vinte somam-se à lista a cada ano.[3] Foi como se tivesse sido acionado um comutador

— não físico, mas um mental, a percepção de que a façanha podia ser realizada, o que gerou a determinação de continuar tentando até alguém conseguir.

Shakespeare especula: "Saber se é mais nobre na mente suportar/ As pedradas e flechas da fortuna atroz/ Ou tomar armas contra as vagas de aflições/ E, ao afrontá-las, dar-lhes fim".[4] A resposta que a natureza fornece aos organismos é clara: insurgirmo-nos contra os problemas.

No capítulo anterior, examinamos a motivação — as razões (querer e/ou gostar) que temos para agir de determinada maneira. Neste capítulo, vamos analisar a questão correlata da determinação: nossa firmeza de propósito na busca das metas que somos motivados a alcançar, apesar dos obstáculos e desafios. É possível discutir as origens evolutivas dos sentimentos, as nuances e o propósito de todas as emoções sentidas por um ser, mas uma lição importante da nova ciência da emoção é que, no nível mais primal, um desses propósitos — não apenas em humanos, mas também em outros animais, inclusive os mais primitivos — é propiciar o recurso psicológico para aproveitar a oportunidade e enfrentar, perseverar e superar desafios. Surpreendentemente, os cientistas agora entendem a origem da determinação. Conseguem localizar com exatidão os circuitos do cérebro que, quando lesados por alguma doença ou ferimento, podem deixar a pessoa apática — mas que, quando acionados, irão colocar você no mesmo modo em que Buster Douglas estava na noite em que venceu Tyson.

De onde vem a determinação

Em junho de 1957, Armando, um garoto chileno de catorze anos, acordou por causa de uma forte dor de cabeça que durou uns quinze minutos.[5] O episódio não deixou vestígios persistentes. Porém, algumas semanas mais tarde, o garoto passou por outro episódio semelhante, dessa vez enquanto estava acordado. Depois de um terceiro incidente, o médico de Armando aconselhou os pais a levarem o filho à Clínica Mayo. Os exames mostraram um pequeno tumor numa das cavidades cheias de líquido do cérebro, ou ventrículos, perto da linha média. O tumor foi removido cirurgicamente no início de agosto.

Antes da cirurgia, Armando era um jovem simpático, de comportamento normal e inteligência mediana. Após a cirurgia, ficou totalmente indiferente ao seu meio. Não movia os olhos para espiar ao redor nem se envolvia em qualquer movimento voluntário. Mesmo que fosse colocado numa posição claramente incômoda, não fazia nenhum esforço para se ajeitar de um modo mais confortável. Se mandassem, segurava um objeto com firmeza, mas sem dizer uma palavra ou esboçar qualquer reação. Não falava a menos que falassem com ele, e mesmo assim suas respostas eram concisas. Não fazia nenhum esforço para comer, e se punham comida em sua boca ele engolia inteira, sem mastigar e sem reagir ao sabor. Conseguia identificar os pais, mas não demonstrava nenhuma reação emocional a eles ou a qualquer outra coisa. Se já houve um estado diametralmente oposto à determinação de Buster Douglas, foi a profunda apatia encarnada nesse garoto.

Mais ou menos um mês depois da operação, quando o inchaço do cérebro começou a diminuir, a apatia de Armando passou. Ele começou a reagir ao ambiente, a ter objetivos, a interagir com as pessoas ao redor. Meio que de repente, sua natureza anterior emergia. Passou a chamar os pais pelos nomes e voltou a falar espontaneamente. Começou a cumprimentar os médicos de forma amigável, a rir das piadas, a mostrar interesse pelo ambiente. Esforçou-se tanto para aprender inglês que logo conseguia conversar com frases simples com funcionários que não falavam espanhol. Na época, ninguém entendeu por que isso tinha acontecido. Em quais estruturas cerebrais o inchaço teria interferido? Uma pesquisa feita cinquenta anos depois indicaria a provável explicação.

Como espécie, todos temos uma diretriz primária para sobreviver e nos reproduzir. Mas também temos uma programação secundária que nos dá a determinação de buscar recompensas e evitar punições. A determinação é uma característica que nos foi fornecida pela evolução porque ela apoia nossa diretriz primária; e, como todos os fenômenos mentais, tem um componente psicológico e outro físico; a história de Buster Douglas ilustra o primeiro, e a de Armando, o segundo. Os dois componentes estão profundamente interligados; por isso, apesar de se originar de um processo no cérebro físico, a determinação pode ser acessada por meio de eventos psicológicos. Perder um ente querido altera o cérebro. O mesmo acontece numa conversa estimulante. Ou numa cirurgia no cérebro. E, como veremos, a longo prazo, o mesmo acontece na prática de exercícios e na meditação.

A maioria dos processos emocionais é distribuída por muitas áreas do cérebro de maneira complexa. Já vimos que a fonte de querer e gostar está no sistema de recompensa. A determinação também é um fenômeno mental complexo e multifacetado, e até recentemente os neurocientistas não sabiam se seria possível identificar uma rede ou caminho bem definido envolvido diretamente na sua criação. Portanto, foi um choque quando, em 2007, descobriu-se uma "conspiração" de circuitos neurais que controlam o lado físico da determinação.[6] Ela compreende duas redes distintas, mas que funcionam juntas: a "rede de saliência emocional" e a "rede de controle executivo".

A rede de saliência emocional consiste em pequenos nós que estão ancorados em um conjunto de estruturas anteriormente associadas a uma variedade de papéis na vida emocional. São as chamadas estruturas límbicas, como a ínsula, o córtex cingulado anterior e a amígdala, que mencionei na introdução. A rede de controle executivo, em comparação, inclui locais no córtex executivo pré-frontal, uma região conhecida por seu papel na manutenção da atenção e na memória de trabalho.

Quando a corrente constante de novos métodos de alta tecnologia para estudar o cérebro começou a fluir nos anos 1990, parecia que logo seríamos capazes de esclarecer a função de a estrutura bruta do cérebro identificada pelos anatomistas havia muito tempo. Mas isso não aconteceu. Em vez de fornecer esclarecimentos, as novas tecnologias revelaram um grau de complexidade tão estonteante que demorou muito para os cientistas começarem a compreender o que viam. Uma das surpresas foi o número de subestruturas mais finas e regiões distintas dentro das estruturas brutas. Além disso, o circuito neural conectando todas essas estruturas se mostrou extremamente complexo. Os que se empenharam em rastreá-lo produziram mapas que mais pareciam um caldeirão de espaguete do que os esperados diagramas simples de circuito.

Essas recentes descobertas apoiam a visão de que poucas funções cerebrais estão localizadas em pontos específicos (se é que alguma está). Pode-se criar um efeito específico estimulando ou destruindo um pedaço localizado de tecido cerebral, mas é provável que o tecido em questão seja apenas uma engrenagem em um aparato muito maior: a função cerebral geral quase sempre ocorre por meio das interações de múltiplas redes neurais — algumas grandes, outras minúsculas, com poucos milímetros de diâmetro — espalhadas por várias estruturas do cérebro. A rede de saliência emocional e a rede de controle executivo são dois desses conjuntos de estruturas anatômicas.

A palavra "saliente" significa "mais notável ou importante", e descreve o que a rede de saliência faz, que é monitorar nossas emoções internas e nosso ambiente externo e registrar o que for importante. "Nosso cérebro é constantemente bombardeado por informações sensoriais, e temos de classificar todas essas informações em termos de o quanto são pessoalmente relevantes para orientar nosso comportamento", disse William Seeley, neurologista da Universidade da Califórnia em San Francisco e um dos cientistas que descobriram essa rede.[7] A rede de saliência emocional identifica os mais importantes desses inputs e leva você a agir (ou a não agir) com base nessa informação.

A rede de controle executivo tem a função de manter você concentrado no que for relevante para os seus objetivos, ignorando os fatores de distração. Ela entra em ação assim que a rede de saliência é ativada. Em seguida, mobiliza os recursos do cérebro para levá-lo a agir, se necessário.

A sensação do estímulo de um nó da rede de saliência foi vividamente ilustrada — por acaso — em 2013, por uma equipe de neurologistas da Faculdade de Medicina de Stanford que tentava localizar a origem das convulsões em um paciente com epilepsia grave.[8] O objetivo era remover o tecido agressor, mas só se a excisão não prejudicasse o bem-estar do paciente. Para identificar a região do problema, implantaram eletrodos em várias áreas do cérebro do paciente, aplicaram alguns miliamperes de corrente e observaram a resposta física. Também perguntaram ao paciente sobre suas sensações, seus pensamentos e sentimentos.

Em um dos ciclos de implantação, a resposta do paciente deixou todos chocados. Ele disse estar sentindo "determinação". Esse sentimento não estava associado a nenhum objetivo específico; era um sentimento abstrato. Ele comparou o que sentia à emoção que você experimentaria se tivesse que subir uma serra de carro em meio a uma tempestade ameaçadora. Não medo, mas um sentimento positivo que diz: "Siga em frente, força, mais força, siga em frente para tentar superar isso". O mesmo que Buster Douglas sentiu, só que, como enfatizou o paciente, ele não via nenhum desafio em particular a ser conquistado, era somente um sentimento de determinação, desprovido de contexto.

Os médicos tiveram sorte. Inadvertidamente, tinham implantado o eletrodo em um minúsculo nó da complexa rede de saliência. Ao moverem o eletrodo alguns milímetros para um lado ou para o outro, o efeito não ocorria, mas quando aplicado no local certo o paciente relatava sentir uma necessidade urgente de agir ou de perseverar. Os médicos procuraram esse nó em um segundo paciente, e o encontraram na mesma posição anatômica.

"Nossa pesquisa identifica as coordenadas anatômicas precisas que ancoram estados psicológicos e comportamentais complexos associados à perseverança", disse o neurologista Josef Parvizi, principal autor do estudo.[9] Apesar de terem estimulado apenas um nó em uma grande rede, e portanto produzido uma sensação não relacionada a qualquer objetivo ou contexto específico, Parvizi se admirou que "pulsos elétricos aplicados a uma população de células cerebrais em indivíduos humanos conscientes deem origem a um conjunto de emoções e pensamentos de alto nível que associamos a uma virtude humana como a perseverança".

O importante papel desempenhado pela rede de saliência se reflete em sua infinidade de nós e na riqueza de conexões com outras partes do cérebro. Situada ao longo da linha mediana do cérebro, a rede de saliência está em diálogo com a rede de controle executivo e com outras áreas "executivas" do lobo frontal, bem como com partes subcorticais do cérebro envolvidas em emoções complexas e na produção de reações fisiológicas. Consequentemente, é influenciada tanto pelo que pensamos quanto pelo que sentimos.

Quando o efeito de estímulos na rede de saliência é silenciado, digamos, pela ingestão de um betabloqueador, a verve do paciente diminui, levando a reações atipicamente letárgicas.[10] Quando elementos da rede são gravemente afetados, como no caso de Armando, o resultado é uma apatia profunda. Mas quando são sobrecarregados, o resultado é uma determinação tenaz. Você sente intensamente "uma necessidade de agir, uma necessidade de perseverar", observou Seeley. Parece ter sido o estado induzido em Buster Douglas pela morte da mãe; era como se, dentro de seu cérebro, um comutador de "determinação" tivesse sido ligado.

Talvez pareça simplista imaginar que um assomo de vontade férrea possa ser atribuído a um processo específico no cérebro, e que a tecnologia moderna seja capaz de identificar esse processo. Mas em um surpreendente experimento realizado em 2017 cientistas demonstraram o poder dessa descoberta criando o mesmo milagre de Buster Douglas em ambiente laboratorial: eles usaram a estimulação do cérebro para ativar uma espécie de "comutador da garra" no complexo da rede de saliência emocional/controle executivo.[11]

Ratos e homens

O "campeão" e o "desafiante" no experimento de 2017 não eram boxeadores, mas roedores envolvidos no que se poderia encarar como uma analogia entre ratos da luta Douglas/Tyson. Não há como obrigar ratos a boxear uns contra os outros, mas é possível forçá-los a participar de uma competição física. Para conseguir isso, os cientistas puseram dois ratos em um tubo estreito, um em cada extremidade. O instinto natural dos dois ratos era sair do tubo andando para a frente. Mas, como era muito estreito, só um dos dois ratos poderia fazer isso. O outro teria que desistir dessa estratégia e recuar, como num cabo de guerra invertido. Os dois ratos começaram a andar para a frente, mas um deles acabou recuando. Ambos tinham mais ou menos o mesmo tamanho, e por isso esse era um teste de determinação, não de força física.

Os pesquisadores organizaram uma série de competições do mesmo tipo, identificando os vencedores e os perdedores. Depois reuniram os perdedores e utilizaram uma tecnologia de ponta chamada optogenética de modo a acionar o comutador da determinação dos ratos da forma que quisessem. Seria possível usar essa opção para transformar os perdedores em vencedores?

O método envolvia enviar um pulso de laser por um cabo implantado em um ponto exato no cérebro de cada rato. Dessa forma, eles podiam "ligar" ou "desligar" neurônios contíguos. Tendo preparado os ratos perdedores dessa maneira, os pesquisadores organizaram uma série de revanches contra os vencedores do teste anterior. Agora, com a determinação ligada, 80% a 90% dos ex-perdedores venceram a revanche.

Pessoalmente, considero tal saga com os ratos tão inspiradora quanto a versão Buster Douglas. A história do boxeador sugere que, com a determinação emocional adequada, podemos nos tornar super-humanos ("humano" referindo-se ao nosso antigo eu). Mas a história dos ratos me assegura que essa convicção não é apenas um pensamento positivo: ao estimular o conjunto de neurônios certos, podemos realmente aumentar a resiliência e a determinação.

As descobertas do grupo de Stanford indicam que diferenças inatas na estrutura e na função da rede de controle executivo estão relacionadas à capacidade de lidar com situações difíceis. "Essas diferenças inatas podem ser potencialmente identificadas na infância", afirmou Parvizi, "e modificadas por terapia comportamental, medicamentos ou, como sugerido aqui, por estimulação elétrica." Nos anos seguintes ao trabalho de Parvizi, foram realizadas muitas pesquisas sobre essas e outras maneiras de potencializar a rede, e felizmente não precisamos perder um parente nem receber um pulso de laser no cérebro para conseguir isso.

Duas técnicas se destacam. Um dos métodos, se você for sedentário, envolve exercícios aeróbicos. Uma pesquisa recente concluiu que quinze minutos de exercício por dia para melhorar as funções cardíacas já resultam no melhor controle da função executiva.[12] Pode parecer uma relação improvável, porém demonstrou-se que o exercício aumenta um "fator de crescimento" chamado fator neurotrófico derivado do cérebro (BDNF na sigla em inglês). Os fatores de crescimento são uma espécie de fertilizante para o cérebro. Ajudam a criar conexões, o que, em geral, aumenta o poder computacional e é aquilo de que o cérebro precisa para aprender e se adaptar. Em estudos com animais, descobriu-se que o aumento do nível de BDNF diminui a depressão e aumenta a resiliência. Claro que adicionar exercícios à vida de alguém pode ser uma batalha difícil, pois quem tem um controle executivo deficiente pode não encontrar determinação para se exercitar. Mas, se você conseguir começar, a função executiva cada vez maior resultante das atividades físicas tornará a decisão de praticar exercícios cada vez mais fácil, gerando um ciclo de retroalimentação positivo a seu favor.

Outra maneira de aumentar a determinação é pela prática da atenção plena pela meditação, que ensina a controlar o foco, regular a emoção e aumentar o autoconhecimento. Em um estudo, duas semanas de treinamento de atenção plena em um grupo de fumantes levaram a uma redução de 60% no tabagismo, conquista muito difícil.[13] Imagens do cérebro após o programa de meditação confirmaram um aumento significativo da atividade da rede de controle executivo.

Algumas pessoas têm um alto controle executivo naturalmente, são "fazedores" inatos. Não permitem que nada interfira em seus objetivos. Para elas, a determinação é um modo de vida. Para o restante de nós, é bom saber que há coisas que podemos fazer para melhorar esse controle.

A apatia dos computadores

O poder do nosso sistema emocional de determinar quando devemos agir é uma das características que diferenciam os humanos — e outros animais — dos computadores. Considere, por exemplo, o robô Sophia, desenvolvido em 2015 pela Hanson Robotics. Com seu rosto humanoide modelado a partir das feições da atriz Audrey Hepburn, Sophia parece humana, fala como humana e exibe expressões faciais admiráveis. Mas não é realmente humana.

Ela foi programada para reagir de um modo específico a grande número de estímulos. Sua capacidade de conversação, por exemplo, vem de uma série de respostas prontas incluídas na sua programação. Apesar da aparência impressionante, ela é incapaz de ter pensamentos e ações independentes, a exemplo de outros computadores. Se você a levasse para um quarto, um jardim ou uma rua movimentada e a ligasse, o que ela faria? Exploraria a sala? Não, isso exige curiosidade. Contemplaria a beleza do jardim? Não, ela não sabe desfrutar. Andaria com cuidado e segurança na calçada? Não, ela não tem motivação para se autopreservar.

Um robô como Sophia talvez seja encantador. Pode dizer coisas engraçadas e entretê-lo com tiradas irônicas. Mas, ao contrário do ser humano, ela não "decide" como agir. Simplesmente executa um conjunto fixo de instruções, do momento em que é ativada até quando seu programa chega à instrução de parar. Assim, se durante uma de suas aparições públicas acontecer algo que o programador não planejou, ela não vai reagir. Se um alarme de incêndio disparar, ela não vai fugir. Se oferecerem um pedaço de chocolate, ela não se sentirá tentada.

Executar uma série de comportamentos predeterminados em reação a um gatilho predefinido é uma habilidade que se desenvolveu no início de nossa história evolutiva e continua no manual de todos os animais, inclusive os humanos. Mas os animais superiores, diferentemente das formas de vida mais primitivas — e de Sophia, a Robô —, também dispõem da capacidade de *decidir* como agir com base na avaliação de uma situação *nova*, que não tenha um gatilho predeterminado. Essa capacidade é acionada por processos de níveis cada vez maiores de complexidade. Como vimos no capítulo 3, no escalão mais primitivo está a capacidade de sentir, que é binária — dividindo todas as experiências em boas ou más — e que os psicólogos chamam de afeto central. Depois vieram os sentimentos básicos de medo, ansiedade, tristeza, fome, dor e assim por diante. E, nos humanos, os circuitos cerebrais também produzem emoções sociais diferenciadas e sofisticadas, como orgulho, constrangimento, culpa e ciúme. Em última análise, a interação entre todos esses níveis de emoção gera um impulso de agir, ou de abster-se de agir: decidir se devemos agir e nos motivar a continuar tentando, mesmo que a tarefa seja difícil ou desagradável, é uma das grandes dádivas das nossas emoções.

O teste da determinação

A melhor maneira de entender o papel da determinação no cérebro animal é reconhecer que lidar com o ambiente requer uma avaliação constante dos custos e benefícios de potenciais ações. Nossos circuitos de determinação ajudam a decidir o quanto nossos objetivos são importantes, quais ações possíveis merecem mais atenção ou que passemos ao ato e quais devem ser ignoradas. Esses circuitos alimentam o pensamento e os circuitos sensoriais e motores, alterando esses processos neurais para torná-los mais eficientes. Seja qual for a tarefa que tenhamos à frente ou o problema que tentemos resolver, nossa capacidade mental e física inerente será maior se estivermos motivados para o sucesso.

O grau de determinação de uma pessoa em qualquer momento vai depender, claro, da situação. Mas cada um de nós tem um nível básico de determinação ou de motivação, e os psicólogos desenvolveram um questionário para avaliá-lo.[14] Ele pode ser preenchido por um terapeuta ou simplesmente por alguém que conheça bem o assunto. Também pode ser autoadministrado — na versão que apresento a seguir. Contudo, em pacientes com deficiências mentais importantes, é possível obter uma avaliação mais precisa se as perguntas forem respondidas por um amigo ou membro da família.

Um cientista que estuda motivação escreveu:

> O funcionamento humano apático não ideal pode ser observado não somente em nossas clínicas psicológicas, mas também entre os milhões que, durante horas por dia, sentam-se passivamente diante da televisão, observam sem entender do fundo das salas de aula ou aguardam indolentemente pelo fim de semana durante o expediente.[15]

O quanto você é determinado? Para fazer o teste, responda a cada pergunta com 1 = muito verdadeiro, 2 = um tanto verdadeiro, 3 = ligeiramente verdadeiro ou 4 = nada verdadeiro.

1. Eu me interesso pelas coisas. ___
2. Eu faço coisas durante o dia. ___
3. Começar a fazer as coisas por conta própria é importante para mim. ___
4. Eu me interesso por ter novas experiências. ___
5. Eu me interesso por aprender coisas novas. ___
6. Eu me empenho para fazer coisas. ___
7. Eu abordo a vida com intensidade. ___
8. Ver um trabalho concluído é importante para mim. ___
9. Eu passo tempo fazendo coisas que me interessam. ___
10. Ninguém precisa me dizer o que fazer todos os dias. ___
11. Eu me preocupo com os meus problemas na medida certa. ___
12. Eu tenho amigos. ___
13. Estar com amigos é importante para mim. ___
14. Eu fico animado quando alguma coisa boa acontece. ___
15. Eu tenho compreensão exata dos meus problemas. ___
16. Fazer coisas durante o dia é importante para mim. ___
17. Eu tenho iniciativa. ___
18. Eu sou motivado. ___

TOTAL _____

Neste questionário, uma pontuação alta indica apatia geral e uma pontuação baixa indica determinaçao. A pontuação mais baixa possível é dezoito. A pontuação média para jovens adultos saudáveis é 24. Para os que estão na casa dos sessenta anos, a média sobe para 28. Cerca de metade de todos os indivíduos pontuam dentro da margem de quatro pontos na média de seus grupos etários, e dois terços marcam dentro da margem de seis pontos.

O questionário foi projetado para medir o nível-padrão de determinação, que em geral permanece estável ao longo do tempo, independentemente da determinação efêmera que você possa sentir diante das circunstâncias imediatas. Por outro lado, como mencionei, é possível aumentar seu nível-padrão de determinação utilizando técnicas de longo prazo, como exercícios e meditação. Além disso, certas doenças podem deteriorar esse padrão. Na verdade, a escala foi desenvolvida para avaliar não indivíduos saudáveis, mas quem sofre de problemas que diminuem a determinação, como lesão cerebral traumática, depressão e doença de Alzheimer. A média é de 37 para quem tiver entre trinta e cinquenta anos e sofrer de lesão cerebral traumática, de 42 para os que têm problemas de depressão e de 49 para os que tiverem uma forma moderada da doença de Alzheimer.

Perda da vontade

Em casos extremos, como o de pacientes que sofrem de uma condição chamada demência frontotemporal, a degradação da rede de saliência emocional pode levar à apatia severa, como a que afetou Armando. A apatia do garoto surgiu repentinamente, como resultado do inchaço pós-operatório do cérebro, que causou danos temporários. Por outro lado, como ocorre de modo gradual, a demência pode oferecer uma oportunidade única de observar, passo a passo, por um longo período, como o comportamento muda à medida que a rede de saliência emocional vai sendo silenciada.

Foi o que eu vi acontecer com a minha mãe. Quando eu era criança, meus pais, meus dois irmãos e eu morávamos em um apartamento mínimo num prédio sem elevador. Seria mais fácil tolerar o pouco espaço se não fosse proibido acessar um terço do nosso espaço vital. A zona restrita abrangia as salas de jantar e de estar, que meus pais mobiliaram com móveis um pouquinho mais caros que os do restante do apartamento. Lá o chão era acarpetado, a mesa, protegida por uma toalha de feltro e o sofá e as poltronas, embalados em invólucros de plástico que meus amigos do ensino médio chamavam de camisinhas de móveis. A fronteira não era interditada por nada físico, mas a ordem de "não entrar" era tão explícita quanto se a área estivesse demarcada com aquelas fitas usadas pela polícia.

A área proibida só era usada na Páscoa e nos dias que nós judeus chamamos de Grandes Festas. Quando eu era criança, as festas judaicas envolviam faltar às aulas, rezar na sinagoga e, no jantar, comer a carne kosher padrão com batata. Entrar na sala proibida em qualquer momento que não os dezoito dias abrangidos pela Páscoa e o período entre o Rosh Hashaná e o Yom Kippur provocaria um grito feroz do cão de guarda que era minha mãe. Não comento a atitude dela em relação àquele espaço residencial porque fosse incomum, mas por ser um zelo típico da minha mãe. Se achasse que o chão estava sujo, ela não pegava uma vassoura ou esfregão — ajoelhava-se e limpava o piso como se fosse de uma sala de cirurgia. Quando ficou mais velha, se saía para uma caminhada apesar dos joelhos doloridos e inchados, não era ao redor do quarteirão, era para andar alguns quilômetros. Se visse na televisão um político de que não gostava, não abanava a cabeça em desaprovação; murmurava em iídiche que ele devia contrair cólera. E, quando eu era criança e ela dizia que me amava, não me dava um beijinho: cobria minha testa de beijos. Minha mãe não era apática diante de nada. Eu achava que seu zelo era um recurso de que ela precisara para sobreviver ao campo de concentração a que foi mandada pelos nazistas, onde nove entre dez presos morreram.

Quando meu pai faleceu, minha mãe se mudou para a Califórnia, para morar na casa de hóspedes adjacente à minha. Ela estava com oitenta anos e trouxe os móveis das salas de estar/jantar, que então já eram cinquentenários. Depois de alguns anos, comecei a notar mudanças nela que a princípio atribuí à serenidade da idade. Já não reclamava quando nos sentávamos no sofá proibido se não fosse dia de festa. Concordou quando eu finalmente sugeri tirar os invólucros de plástico dos móveis. Com o tempo, percebi que aquelas mudanças eram algo diferente da suavização de arestas afiadas. Não era maior serenidade. Nem parecia ser depressão — ela não apresentava os sintomas usuais, como tristeza, desesperança ou angústia emocional. Mas foi o início de uma falta de cuidado que com o passar dos anos cresceria como uma chaga em sua personalidade, subjugando-a gradualmente. Então, na manhã de um feriado judaico, a mãe que costumava me repreender por eu me atrasar para as cerimônias religiosas apareceu na porta de pijama, indiferente aos ritos a que eu iria levá-la. Aí eu percebi que havia um problema.

Em poucos anos, minha mãe ficou tão incapacitada para lidar com a vida cotidiana que precisei instalá-la em uma casa de saúde. Certa manhã, pouco depois da mudança, passei pelo refeitório de lá para tomar um café com ela. Encontrei-a com outras pessoas, sentada a uma mesa, comendo ovos com bacon. Por razões impostas pela lei alimentar judaica, minha mãe nunca tinha comido carne de porco na vida. Era tão inflexível quanto a isso que eu teria ficado menos chocado se a tivesse encontrado de calcinha. Fiquei olhando para ela. "O que foi?", ela perguntou. Na falta de outras palavras, eu disse o óbvio: "Mãe, você está comendo bacon". Ela deu de ombros e respondeu: "Foi o que eles me deram. Eu gostei". Depois de alguns anos, ela chegou a um ponto em que, se deixada sozinha, ficava o dia inteiro sentada assistindo à televisão. Era hora de ela se mudar para um lugar que oferecesse cuidados melhores.

Foi um longo e lento declínio, mas finalmente minha teimosa e histriônica mãe chegou a um platô de estabilidade. Enquanto escrevo, se você lhe perguntar o que quer fazer, ela vai sorrir, e só. Se você perguntar o que quer comer, ela dará de ombros. Mas se você puser comida diante dela, normalmente ela começa a comer, sobretudo se você cortar um pedaço para começar. Ao contrário de Armando, ela põe a comida na boca, mastiga e aprecia, e continua a comer. E, felizmente, ainda consegue manter uma conversa simples — se você começar. De certa forma, a nova atitude "Não se preocupe! Seja feliz!" é uma melhora revigorante em relação ao antigo "Preocupe-se! Seja infeliz!", mas também é triste, pela decadência interna que indica.

O estudo das mudanças motivacionais no declínio cognitivo correlacionado à idade é interessante para os cientistas, pois ajuda a estabelecer uma relação entre a estrutura e a função do cérebro. Para os mais novos, isso é muito útil para ficarmos mais atentos às alterações causadas pelo envelhecimento e nos empenharmos a fim de evitar o declínio mental adotando boas práticas para manter a saúde.

Além do envelhecimento, outro fator cotidiano tem um efeito negativo importante na determinação, apesar de não ser uma lesão ou doença: a privação de sono.[16] Você já percebeu que, quando não dorme bem, coisas que antes pareciam importantes perdem o sentido? Configurar e programar a cafeteira para o café estar pronto quando eu acordar no dia seguinte parece uma ótima ideia às 21h, mas às 2h talvez eu decida que isso não é essencial e que eu mesmo vou preparar o café quando acordar. Posso identificar esse mesmo fenômeno no meu trabalho. Normalmente, quando acabo de ler um capítulo que escrevi, identifico vários pontos imprecisos que convém esclarecer melhor, mas se fizer o mesmo muito tarde da noite as lacunas não parecem importantes, e me iludo pensando que o texto está ótimo — pelo menos até ler mais uma vez depois de uma boa noite de sono. Como eu entendo isso, não corrijo meus textos quando estou precisando dormir.

Dormir é crucial para manter a motivação e, de maneira mais geral, para nossa saúde emocional. Por exemplo, estudos de neuroimagem mostram uma atividade significativa durante o sono REM* em todas as estruturas que abrigam os nós da rede de saliência emocional. Os experimentos sugerem que toda essa atividade está relacionada a uma função de reinicialização noturna nessas regiões-chave. Um pesquisador pediu a 29 indivíduos saudáveis que mantivessem um registro detalhado de suas atividades e seus sentimentos por um período de duas semanas.[17] Também pediu que escrevessem um diário dos seus sonhos. Ele descobriu que entre um terço e metade das preocupações emocionais relatadas pelos participantes durante o dia ressurgiam nos sonhos daquela noite — uma porcentagem

* Sono REM, de Rapid Eye Movement (Movimento Rápido de Olhos): a fase do sono em que a atividade cerebral é tão intensa que pode ser comparada à da pessoa acordada. (N. T.)

alta, considerando que os informantes não devem ter se lembrado da maioria dos sonhos. Essa é uma evidência robusta de que o sono propicia uma recalibragem noturna que restaura as respostas de saliência emocional necessárias para orientar decisões e ações mais adequadas.

Então, o que acontece se não dormirmos o suficiente? Muita coisa. Por exemplo, um estudo descobriu que uma única noite sem sono desencadeia um aumento de 60% na reatividade da amígdala (avaliada por um aparelho de fMRI) em resposta a imagens emocionalmente negativas. Uma pesquisa relacionada constatou que uma noite insone aumenta os relatos subjetivos de estresse, ansiedade e raiva em resposta a situações de baixo estresse. A agressividade também já foi associada a poucas horas de sono. E a limitação do período de sono a cinco horas por noite durante uma semana causou um aumento progressivo de distúrbios emocionais, como medo e ansiedade exagerados (avaliados com base em questionários e anotações em diários).

O que os cientistas aprenderam sobre a determinação e seu oposto, a apatia, nos esclarece a respeito da função mais básica das nossas emoções. Com efeitos mais fundamentais do que o amor ou o ódio, a felicidade ou a tristeza, ou mesmo o medo e a ansiedade, a determinação é o que nos motiva a agir — a nos relacionarmos com alguém ou alguma coisa, a falarmos ou até a nos movermos — e nos dá energia para continuar agindo até atingirmos nosso objetivo.

Como seres emocionais, nós temos desejos. Formulamos as metas e submetas ditadas por nossos desejos, desde a sublime intenção de escrever um romance até o insignificante objetivo de escovar os dentes. Mas, antes de realizar qualquer objetivo, seja grande ou pequeno, precisamos estar determinados a agir, e esse é o papel de nossa rede de saliência emocional.

Na melhor das avaliações, os seres humanos são enérgicos, engenhosos e automotivados. Não medimos esforços, somos atuantes e comprometidos. O fato de termos essa capacidade de iniciativa e uma boa dose de perseverança é um dos sinais de que estamos vivos. E é algo presente não só em nós mas também nos animais mais primitivos. Pois nem o cérebro de uma simples mosca-das-frutas precisa que lhe digam o que fazer. Ela sabe como optar pelas melhores escolhas para evitar predadores, paquerar uma parceira e se consolar tomando um drinque quando suas propostas são rejeitadas.

PARTE III

Tendências e controle emocionais

8. Seu perfil emocional

"Cada pessoa é única", diz Gregory Cohen. "Física e intelectualmente, mas também do ponto de vista emocional." Cohen é psiquiatra na área de Los Angeles. É um sujeito alto e sério, com olhos simpáticos e uma voz calma que se intensifica com paixão quando fala do seu trabalho.

> Cada um de nós tem um padrão diferente de reatividade emocional. Todos dispomos da mesma caixa de ferramentas emocionais, mas essas ferramentas podem funcionar de maneira um pouco distinta, dependendo da pessoa; como acontece com todos os traços psicológicos, há diferenças individuais. E às vezes, por uma peculiaridade genética ou do passado da pessoa, essa caixa de ferramentas não funciona bem. Passo meus dias ajudando gente cujos padrões emocionais estão afetados.

Cohen me contou sobre um novo paciente, Jim, que resolveu fazer terapia por ter acabado de saber que a esposa estava pedindo o divórcio. "Isso me perturbou", disse Jim a Cohen, como se não fosse óbvio.

Na primeira sessão, Jim explicou que aquela era sua terceira esposa. "Nosso casamento era ótimo", observou. "Aí, um dia, eu cheguei em casa e ela tinha feito as malas e ido embora.

Não percebi nenhum sinal, não tinha ideia de que ela estava pensando em fazer isso."

Jim disse que não conseguia entender por que a esposa queria se divorciar. Estava tão fora de sintonia com os sentimentos dela que mesmo agora, depois de ela ter ido embora, ele ainda não reconhecia que havia problemas. Mas Cohen não faz perguntas. Não gosta de interromper seus pacientes. Prefere ver para onde eles vão por conta própria.

"Eu a amava, e ela também me amava", continuou Jim. "Ela nunca amou outro homem do jeito que me amou." Além de tudo isso, Jim disse, eles tinham três filhos, "filhos maravilhosos". Como é que largá-lo podia fazer algum sentido? Jim falava com muita convicção. Mas Cohen tinha certeza de que o paciente não era o companheiro ideal que acreditava ser. Quando finalmente pressionou, Jim admitiu que tivera alguns casos.

"Foi tudo culpa dela", explicou Jim. "Não era receptiva comigo." E acrescentou: "Acho que minha mulher é alcoólatra. É ela quem tem problemas. Acho que essa é a raiz de tudo". No final da sessão, revelou-se que os filhos do casal também não estavam falando com Jim. Isso parecia um mistério para ele, tanto quanto ter sido deixado pela mulher. "Eu sempre fui um ótimo pai", insistiu.

Cohen olha para mim enquanto faço uma expressão irônica. Sabe que estou pensando que o homem é mentiroso e idiota. Mas não é tão simples, diz Cohen.

"Sim, na superfície parece que Jim não é sincero. No entanto, ele não está mentindo; está simplesmente enganado", explica. "A mente consciente de Jim de fato acredita que ele foi um ótimo marido e um pai maravilhoso, uma pessoa maravilhosa. Enquanto isso, nas profundezas de seu inconsciente, a verdade é o oposto", diz Cohen. "Ele é um ser humano horrível e impossível de ser amado."

Esse é um caso clássico de negação, explicou-me Cohen. A mente faz de tudo para encobrir qualquer coisa que doa no coração, apesar do preço a pagar por passar a vida inteira se iludindo.

Segundo Cohen, o estado mental de Jim não é dominado pela grandeza e a arrogância que aparecem na superfície. O que domina a vida de Jim é a vergonha — o sentimento de angústia ou humilhação resultante de uma avaliação negativa de si mesmo, associado ao desejo de se esconder ou fugir. É uma das emoções mais perniciosas, e Jim criou uma concha narcisista para se proteger, uma constelação de mecanismos primitivos de defesa que o impedem de tomar consciência daquela visão inconsciente e intolerável de si mesmo.

Todas as emoções são reações a uma circunstância ou situação. Elas surgem, orientam o nosso pensamento e depois se dissipam. Mas Jim é extremamente susceptível à vergonha, e por isso até eventos menores, como uma pequena crítica delicada, na qual a maioria de nós prestaria pouca atenção, podem provocar uma forte sensação de vergonha. Em consequência, a vergonha é algo tão presente no cotidiano de Jim que essa sensação se torna quase subjacente à sua vida, matizando tudo o que ele faz.

Todos nós temos diversas tendências ao vivenciarmos emoções diferentes. Cohen fala de um conjunto coletivo de tendências emocionais de um paciente, seu "perfil emocional". Na bibliografia acadêmica, já foram estudados vários conceitos relacionados, sob nomes como temperamento, sensibilidade biológica ao contexto, reatividade ao estresse, estilo afetivo e estilo emocional.

No caso de Jim, seu perfil emocional tem uma forte tendência à vergonha. Tão forte que Cohen diz que a vergonha é o "estado emocional dominante" de Jim. A ideia de que o perfil emocional de alguém pode ser dominado por uma única emoção ou por um conjunto de emoções remonta aos antigos médicos greco-romanos, que classificavam as pessoas em quatro categorias: as sanguíneas eram consideradas positivas e extrovertidas; as melancólicas, propensas ao medo e à tristeza; as coléricas, irritáveis e dadas à agressão; e as fleumáticas, vagarosas na reação. Mas essa classificação era muito simplista. A maioria das pessoas não tem o perfil emocional dominado por uma só emoção. Elas têm uma vida emocional equilibrada.

O perfil emocional é uma descrição do que é preciso para provocar uma emoção específica, a rapidez com que ela se desenvolve, o grau de intensidade e o tempo que costuma levar para se dissipar. Os psicólogos usam os termos "limiar", "tempo de latência", "magnitude" e "recuperação".[1] Esses aspectos variam de acordo com o indivíduo e dependem da emoção específica de cada pessoa em questão, inclusive de a emoção ser positiva ou negativa.

Alguns de nós podemos ficar magoados ou envergonhados com mais facilidade porém termos mais dificuldade de, talvez, nos assustarmos. Outros podem se sentir magoados ou constrangidos só numa situação extrema, porém se assustar facilmente. Alguns podem ficar ofendidos se alguém disser que parecem cansados ou que não gosta da roupa que estão usando, outros só dão de ombros. Dependendo de cada emoção, todos temos um limite diferente para essa resposta.

O tempo de latência se refere ao tempo de desenvolvimento de uma reação emocional. Alguns ficam ansiosos rapidamente, enquanto em outros a ansiedade aumenta devagar. A magnitude das reações emocionais também varia muito. Ser cortado no trânsito ou por alguém passando à frente na fila do supermercado pode deixar alguns ligeiramente irritados e outros furiosos. E, finalmente, a recuperação descreve a volta da pessoa à linha de base inicial. Alguns logo conseguem se livrar de certas emoções, enquanto outros se apegam a elas. "Recuperação" pode ser um termo confuso quando aplicado a emoções positivas; parece estranho, por exemplo, chamar de "tempo de recuperação" o período transcorrido até o esmaecimento de uma sensação boa, como a de ouvir um elogio, mas é assim que os psicólogos o denominam.

A conjunção das tendências para uma resposta emocional, para cada emoção, forma uma espécie de impressão digital emocional. Ela é o perfil emocional. Como o perfil se desenvolve, como podemos nos conscientizar dele e como alterá-lo, se desejarmos?

Natureza versus criação

Quando eu estava na faculdade, certa vez levei uma namorada para conhecer os meus pais. Ela perguntou a minha mãe como eu era quando criança. Eu devia ser bonitinho, disse minha namorada. A isso minha mãe respondeu, com seu forte sotaque polonês: "Bonitinho? Sim, mas, ei, você acha que é *de hoje* que o Lenny é problemático? Você precisava ter conhecido ele na infância! É um bom menino, não me entenda mal. Mas quando tinha três anos tentou fazer a barba com o aparelho do meu marido e cortou o rosto. E isso foi só o começo. Perdi a conta de quantas vezes ele foi parar no pronto-socorro ou eu fui chamada pelo diretor da escola. Ele nunca vai mudar. Ainda bem que você aguenta! Poucas garotas aguentariam. Achei que ele nunca iria arranjar uma namorada!". Diante disso, tirei minha namorada da sala para fazer algo mais agradável, como limpar a neve da calçada.

Minha mãe acreditava que sempre soubera o que nós seríamos quando adultos. Meu irmão mais velho era tímido e ansioso desde o início, dizia. Meu irmão mais novo sempre foi amigável e falador. Eu sempre fui curioso, não no bom sentido, mas daquela curiosidade que matou o gato. E, de fato, meu irmão mais velho acabou se tornando um solitário e meu irmão mais novo se formou em medicina e era sempre repreendido pelos chefes por passar muito tempo com os pacientes. Acho que eu também correspondi à teoria da minha mãe, a criança que faz experiências com aparelho de barbear e acaba virando cientista quando adulto.

Certamente, como ela acreditava, há aspectos inatos no perfil emocional de uma pessoa. Bebês de dois, três meses sorriem, dão risada e expressam raiva e frustração, enquanto outros podem reagir de forma diferente nessas mesmas dimensões.[2] Porém, sem dúvida as experiências durante o crescimento contribuem para o desenvolvimento do nosso perfil emocional.

No caso de Jim, sua suscetibilidade à vergonha era resultado de uma mãe que o criticava continuamente. Ainda bebê, quando mordia com força o mamilo da mãe, ela gritava, jogava-o no berço e ia embora irritada. Avançando alguns anos, uma vez Jim estava comprando um smoking para o baile de formatura e a mãe lhe mostrou um de que gostava; quando Jim não aprovou a escolha, a mãe girou nos calcanhares, foi para o carro e saiu dirigindo, deixando Jim para se virar sozinho. Nas décadas entre esses dois incidentes, houve incontáveis outros do mesmo tipo, todos transmitindo a mesma mensagem: você é horrível.

"Mesmo já adulto, Jim continua a ser prisioneiro da sua infância", observa Cohen. "Sua vergonha permanente é um caso extremo, mas não é incomum que a propensão a sentir vergonha seja moldada por incidentes desse tipo na infância", acrescenta. "O mesmo se aplica a outras emoções. Nosso perfil emocional é o resultado da interação entre as experiências na infância e nossa composição genética."

Embora discutam sobre qual desses fatores é o predominante, os psicólogos sempre aceitaram que tanto a natureza quanto a criação são importantes para o nosso desenvolvimento emocional. Hoje sabemos mais do que nunca sobre essa interação, graças ao surgimento da neurociência, que torna possível relacionar nossas características emocionais a processos e redes no cérebro.

Um dos primeiros estudos sobre a questão natureza/criação — e talvez o mais esclarecedor — foi realizado nos anos 1990 por Michael Meaney, cientista da Universidade McGill, em Montreal. Um dos pioneiros do que hoje se chama "epigenética", Meaney descobriu um mecanismo por meio do qual a criação pode impor seu efeito de forma análoga ao percurso genético seguido pela natureza.[3]

O fator determinante da epigenética é que, embora as características genéticas sejam codificadas no DNA, sua manifestação no organismo exige que a seção pertinente do DNA seja ativada. Os cientistas achavam que isso era automático, mas agora sabemos que seções do DNA podem ser ativadas ou desativadas, e que isso em geral é determinado pelo ambiente ou pelas experiências. Podemos estar presos aos nossos genes pelo resto da vida, mas não estamos presos ao efeito desses genes. Isso pode ser alterado. A epigenética é o estudo do processo pelo qual o ambiente e as experiências podem alterar os efeitos do nosso DNA.

Meaney chegou à sua pesquisa depois de um encontro casual com outro cientista da McGill, Moshe Szyf, num congresso científico internacional a que os dois compareceram em Madri. Szyf era especialista na maneira como as alterações químicas no DNA afetam a atividade dos genes. Embora estivessem na mesma universidade, os dois não se conheciam, e saíram para tomar umas cervejas. "Muitas cervejas", contou Szyf.[4]

Enquanto bebiam, Meaney contou a Szyf sobre os experimentos que havia realizado com ratos, mostrando que ratos criados por mães desatentas tendem a ser mais ansiosos que ratos criados por mães mais protetoras. Também falou sobre como a atividade dos genes relacionados ao estresse foi alterada nos ratos que não receberam muitos cuidados. Foi então que uma lâmpada piscou na cabeça de Szyf: será que a diferença de ansiedade entre os ratos com mães desatentas e os ratos bem cuidados poderia ser creditada à epigenética? A ideia contradizia o conhecimento convencional sobre a epigenética e a neurociência. Naquela época, os cientistas que estudavam epigenética acreditavam que o processo se restringia às mudanças efetuadas na fase embrionária ou em células cancerosas. A maioria dos neurocientistas, por sua vez, afirmava que as mudanças de comportamento a longo prazo resultavam de mudanças físicas nos circuitos neurais, que não tinham nada a ver com a expressão do DNA. Mas Meaney ficou intrigado com o palpite do colega e começou a estudá-lo, inclusive trabalhando junto com Szyf.

Epigenética comportamental

Os ratos que Meaney descreveu para Szyf tinham uma linha de base de alta ansiedade. Eram hipersensíveis a ameaças do ambiente e até a coisas que não conheciam ou eventos inesperados. Ficavam imobilizados quando postos em algum lugar estranho e davam saltos de trinta centímetros caso se assustassem. Quando esses ratos passavam por experiências estressantes, liberavam grandes quantidades de hormônios chamados glicocorticoides, que fazem o coração bater mais rápido e preparam os músculos para lutar ou fugir. Fêmeas desse tipo, pelo constante estado de estresse, não cuidavam muito bem dos filhotes e não lhes davam a atenção usual.

Outros ratos no laboratório de Meaney estavam na extremidade oposta do espectro de ansiedade. Se colocados em um novo ambiente, eles começavam a explorar. Mesmo quando tomavam um choque elétrico, liberavam uma pequena quantidade do hormônio do estresse. As fêmeas desse grupo eram muito atenciosas com os filhotes.

Meaney notou que as mães dos ratos mais serenos passavam muito tempo lambendo e cuidando dos filhotes, indicando que eram, também elas, do tipo sereno. Enquanto isso, as mães dos filhotes ansiosos raramente os lambiam e limpavam, indicando que os ratos ansiosos tinham nascido de mães ansiosas. O traço de serenidade ou o de ansiedade parecia ser transmitido geneticamente de geração em geração. Mas, se Szyf estivesse certo, havia mais coisa além disso.

Meaney fez um experimento engenhoso para tirar essa dúvida. Trocou os bebês ao nascer, de forma que os filhotes das mães ansiosas fossem criados pelas mães serenas e vice-

-versa. Se o perfil emocional sereno versus ansioso fosse herdado, a troca não deveria fazer nenhuma diferença. Mas fez. Os filhotes cresceram com o traço da mãe que os criou, e não daquela de cujo útero nasceram. Meaney sabia de outros estudos em que a genética era apenas um fator, mas seu experimento parecia indicar que o perfil emocional dos ratos era determinado pelo comportamento da mãe, e não pelos genes. O que estaria acontecendo?

Por meio de estudos fisiológicos, Meaney e seus colegas descobriram que o gene que rege os receptores do hormônio do estresse — uma espécie de "gene da serenidade" — no cérebro do rato é alterado pelas suas primeiras experiências de vida. As lambidas e os banhos das mães fazem com que o gene da serenidade seja ativado. Se a mãe for negligente, aglomerados de átomos chamados grupos metil se ligam ao segmento de DNA que contém o gene da serenidade e suprimem sua ação, deixando o rato suscetível à ansiedade.

O trabalho de Meaney e seus colegas forneceu o elo que faltava no argumento natureza versus criação, mostrando como as duas interagem, como as experiências alteram a ação do DNA. A ideia de que as experiências podem mudar a expressão dos nossos genes foi revolucionária na época. Muitos cientistas a aceitaram, mas argumentaram que o que acontece com os ratos pode não acontecer com seres humanos. Então Meaney realizou outro estudo.

Ele e seus colegas obtiveram amostras do tecido cerebral e extensos históricos psicológicos e médicos de pessoas que sofreram abusos na infância e que posteriormente se suicidaram. E descobriram que, assim como no caso dos ratos, comparado ao tecido cerebral dos que não sofreram abusos, o cérebro dos que foram abusados continha mais metilação no gene responsável pelo hormônio receptor do estresse. Assim como acontece com os ratos, experiências estressantes na infância deixam os humanos adultos menos capacitados para enfrentar adversidades (e, portanto, mais vulneráveis ao suicídio). Meaney descobriu que o perfil emocional de uma pessoa resulta da predisposição genética mais a epigenética, o que parece um mecanismo importante de como a criação exerce seus efeitos.

O trabalho de Meaney e de seus colegas criou um novo campo, chamado epigenética comportamental. É uma grande esperança para quem sofre de problemas emocionais, mostrando que, mesmo que uma tendência seja herdada, é possível mudar o cérebro para superar o distúrbio.

O perfil emocional pode ser mais influenciado pela experiência na primeira infância. Na idade adulta, normalmente ele não muda muito. Você entra no mundo adulto mais ou menos definido pela sua trajetória, a não ser que dê duro para alterar isso. Mas o trabalho de Meaney mostrou que *é possível* mudar. O perfil emocional herdado da infância não precisa ser permanente. Você pode transformar o seu cérebro. E o primeiro passo nesse processo é descobrir qual é o seu perfil emocional.

Seu perfil emocional

A emoção geralmente afeta nossos pensamentos, decisões e comportamentos para o bem; não é bom ser insensível às emoções. Por outro lado, ser demasiado sensível pode complicar a vida. Não existem certo e errado em um perfil emocional, mas alguns perfis podem tornar a vida mais fácil, enquanto outros causam dores desnecessárias ou interferem na vida que você gostaria de ter. No próximo capítulo, vamos examinar como você pode regular suas emoções e influenciar as emoções dos outros. Mas antes é interessante e útil saber qual é o seu perfil. Alguns de vocês estão lendo este livro para pôr as lições dele em prática; outros estão simplesmente interessados em entender melhor a natureza humana. Mesmo que você esteja nesse segundo grupo, será útil compreender seu próprio perfil, pois conhecer melhor a si mesmo o ajudará a compreender os outros.

Tanto clínicos quanto pesquisadores da emoção enfatizam que um dos aspectos mais notáveis da emoção humana é o quanto ela varia de um indivíduo para outro. Há uma gama enorme de perfis emocionais; pessoas diferentes reagem de maneiras muito diferentes a circunstâncias e desafios semelhantes. A fim de estudar essas distinções individuais, psicólogos e psiquiatras desenvolveram e divulgaram uma série de "inventários" em periódicos acadêmicos. São questionários que podem ser usados para caracterizar seu perfil emocional em muitas dimensões diferentes. Eles não foram pensados como parte de uma exploração sistemática da emoção: cada questionário foi desenvolvido por pesquisadores individuais tentando compreender a emoção particular em que se especializaram. Os sete que incluí aqui se provaram os mais influentes, a julgar por sua popularidade na bibliografia acadêmica. Foram elaborados para mensurar vergonha, culpa, ansiedade, raiva, agressividade, alegria/felicidade e amor/apego romântico. Responder aos questionários vai ajudá-lo a identificar a maneira como você tende a reagir a várias circunstâncias emocionalmente carregadas na vida cotidiana.

Esses questionários de avaliação não são obra de autores de livros de autoajuda. Foram criados por cientistas interessados em compreender a essência da psique humana. Alguns foram concebidos para serem usados no estudo de pessoas com disfunções físicas ou psicológicas que perturbam a vida emocional, mas primeiro tiveram de ser validados pelo estudo das respostas de quem não sofre dessas disfunções. Os pesquisadores desenvolveram os questionários por um meticuloso método de tentativa e erro, e os validaram em estudos com centenas ou milhares de indivíduos e, em um caso, com mais de dez mil. Por meio dessas pesquisas, os psicólogos conseguiram confirmar a consistência e a estabilidade das pontuações dos respondentes. Por consistência quero dizer que, se você responder ao questionário na terça e novamente na quinta, a pontuação deverá ser semelhante; por estabilidade quero dizer que, se você fizer o teste hoje e daqui a seis meses, também deverá obter resultado semelhante (salvo por interferência de uma terapia ou de um grande evento que possa ter mudado sua vida).

Apresento a seguir essas ferramentas de avaliação validadas pelas pesquisas. Você pode não querer responder a todos os questionários, ou pode preferir responder espaçadamente, conforme avançar nos tópicos seguintes. Eles não demandam grandes conhecimentos, mas exigem que você seja honesto quanto aos seus comportamentos e sentimentos passados. Se responder a eles com honestidade, poderá aprender bastante sobre si mesmo.

Muitas pessoas são surpreendentemente ignorantes a respeito do próprio perfil emocional. Se seus resultados não parecerem verdadeiros, você pode aceitá-los com ressalvas, mas pelo menos esteja disposto a considerar a possibilidade de que sejam precisos, pois os resultados que o surpreendem às vezes abrem seus olhos para tendências das quais você não estava ciente.

Também é possível usar os questionários para obter esclarecimentos sobre outras pessoas, se estiver próximo o suficiente para avaliar como elas responderiam às várias perguntas. Por outro lado, talvez seja divertido e esclarecedor pedir que alguém importante ou próximo a você tente responder às perguntas a seu respeito, mas do ponto de vista dele/dela, e depois comparar o resultado com o seu. Isso também serve como um teste de realidade sobre a honestidade das respostas.

Os formatos e a pontuação dos questionários são todos semelhantes, mas não idênticos. Isso porque cada qual foi criado por um grupo diferente de pesquisadores, cada um com sua própria abordagem. Portanto, você precisará ler as instruções e as afirmações com atenção. Observe, em particular, que algumas afirmações dos questionários são formuladas positivamente, outras negativamente.

Não demore muito em cada pergunta: não há respostas certas ou erradas, nem perguntas capciosas. Basta dar a resposta que seja verdadeira para você em geral ou na maior parte do tempo. Sinta-se à vontade para pular questionários a que não quiser responder; mas, por favor, não pule nenhum item daqueles a que optar por responder. Isso invalidaria a pontuação.

Algumas perguntas podem começar postulando algo que você não faria. Por exemplo, uma delas diz: "Você quebra alguma coisa no trabalho e esconde o que fez", e em seguida pede para avaliar a probabilidade de ter que justificar por que fez isso. Nesses casos, faça o possível para avaliar o que você faria, mesmo achando que jamais passaria por essa situação. O questionário é sobre as suas respostas, mesmo quando a situação de referência é muito improvável.

Você também pode ter problemas para se decidir na resposta de alguns itens: o que está descrito é algo que eu "2 = provavelmente sentiria" ou "3 = muito provavelmente sentiria"? Essas dificuldades são normais, e você só pode escolher uma resposta ou outra. A ideia é que haja perguntas suficientes para que as ambiguidades se anulem, e, afinal, os inventários não são tão precisos; a diferença de um ponto a mais ou a menos não é significativa. Portanto, não pense demais: a primeira resposta que vier à mente provavelmente é a mais apropriada. E, por fim, é importante entender que os questionários são projetados para medir propensões ou capacidade, não comportamentos ou seus sentimentos emocionais atuais e passageiros.

Questionário sobre vergonha e culpa[5]

A seguir são apresentadas onze situações que podem ocorrer no dia a dia. Tente se imaginar nas situações descritas. Cada uma delas é seguida pela descrição de duas maneiras comuns (*a* e *b*) como a pessoa responder. Não se trata de escolher entre as duas. É preciso avaliar qual a probabilidade de você responder de uma forma ou de outra. É possível (e aceitável) que você poderia igualmente responder tanto *a* como *b*; nesse caso, pontue as duas como 5; ou, se sua resposta não for nem *a* nem *b*, pontue as duas como 1.

Instruções: Pontue cada resposta com um número de 1 a 5, em que:

1 = muito improvável; 2 = um tanto improvável; 3 = às vezes; 4 = um tanto provável; 5 = muito provável

1. Você faz planos de se encontrar com um amigo para almoçar. Às cinco horas, você percebe que deu um cano nele.
   a) Você pensaria: "Eu não tenho consideração pelos outros". ____
   b) Você pensaria que precisa fazer algo para compensar seu amigo o mais brevemente possível. ____
2. Você quebra alguma coisa no trabalho e esconde o que fez.
   a) Você pensaria em pedir demissão. ____
   b) Você pensaria: "Isso está me deixando aflito. Preciso consertar ou pedir para alguém consertar". ____
3. No trabalho, você espera até o último minuto para concluir um projeto e ele acaba ficando ruim.
   a) Você se sentiria incompetente. ____
   b) Você pensaria: "Eu mereço ser repreendido por ter feito mal o projeto". ____
4. Você comete um erro no trabalho e descobre que um colega levou a culpa pelo seu erro.
   a) Você ficaria quieto e evitaria o colega de trabalho. ____
   b) Você se sentiria infeliz e ansioso para corrigir a situação. ____
5. Você está com um amigo, fazendo lançamentos com a bola de beisebol, e sem querer acerta a cara dele.
   a) Você se sentiria um incompetente por não saber nem lançar uma bola. ____
   b) Você pediria desculpas e faria questão de consolar seu amigo. ____

6. Você está dirigindo por uma estrada e atropela um animalzinho.
   a) Você pensaria: "Eu sou uma pessoa péssima". ____
   b) Você se sentiria mal por não estar mais alerta ao dirigir numa estrada. ____
7. Você sai de uma prova achando que se deu muito bem. Depois descobre que se deu mal.
   a) Você se sentiria burro. ____
   b) Você pensaria: "Eu deveria ter estudado mais". ____
8. Você sai com um grupo de amigos e caçoa de um outro que não está presente.
   a) Você se sentiria pequeno... como um rato. ____
   b) Você pediria desculpas e falaria sobre os pontos positivos desse amigo. ____
9. Você comete um grande erro num projeto importante do trabalho. Seus colegas contavam com você e o seu chefe o critica.
   a) Você sentiria vontade de se esconder. ____
   b) Você pensaria: "Eu deveria ter reconhecido o problema e feito um trabalho melhor". ____
10. Você está cuidando do cachorro de um amigo que está de férias e o cachorro foge.
   a) Você pensaria: "Sou um irresponsável e incompetente". ____
   b) Você juraria ter mais cuidado da próxima vez. ____
11. Você vai à festa de inauguração do apartamento de um colega de trabalho e derrama vinho tinto no tapete novo dele, bege, mas acha que ninguém percebeu.
   a) Você gostaria de estar em qualquer lugar menos naquela festa. ____
   b) Você ficaria até mais tarde para ajudar a limpar a mancha. ____

TOTAL para todas as respostas (a) = PONTUAÇÃO DE VERGONHA

TOTAL para todas as respostas (b) = PONTUAÇÃO DE CULPA

A pontuação varia entre 11 e 55, tanto para a culpa quanto para a vergonha; ao longo de uma série de estudos, cerca de metade dos entrevistados pontuou na faixa de 25 a 33 na escala de vergonha e de 42 a 50 na escala de culpa; as mulheres normalmente pontuam um pouco mais que as médias nos dois testes, e os homens fazem alguns pontos a menos.[6]

Até recentemente, não havia muitas pesquisas empíricas sistemáticas sobre vergonha e culpa. Este questionário de avaliação, criado pelos mais destacados pesquisadores da área, foi feito para ajudar a preencher essa lacuna. Vergonha e culpa são duas emoções intimamente ligadas ao eu no relacionamento com os outros.[7] A vergonha representa a preocupação sobre como você e os outros o veem, enquanto a culpa tem a ver com a preocupação sobre como sua ação afetou os outros. A vergonha, como mencionei antes, está associada ao desejo de se esconder ou escapar, enquanto a culpa está relacionada ao desejo de pedir desculpas ou se reparar. O papel de ambas na nossa interação social é inibir as más ações e transgressões, e promover reparos, desculpas e redenção. Em um interessante estudo longitudinal, por exemplo, descobriu-se que alunos da quinta série suscetíveis à culpa eram menos propensos, mais tarde na vida, a dirigir sob a influência do álcool e mais propensos a se envolver em serviços comunitários que a média das crianças.

A tendência à culpa e a tendência à vergonha têm suas raízes nas nossas primeiras experiências familiares; parecem ser transmitidas pelos genitores, especialmente pelo pai. A vergonha desponta por volta dos dois anos, mas a culpa requer aptidões cognitivas mais fortes, e normalmente só se manifesta aos oito anos. A vergonha é um sentimento doloroso, que em geral tem impacto negativo nos relacionamentos com os outros. Indivíduos propensos à vergonha podem tender a culpar os outros por eventos negativos e também a sentir raiva e hostilidade, e em geral são menos empáticos. Indivíduos suscetíveis à culpa, por outro lado, tendem a ser menos propensos à raiva, a expressar sua raiva de maneira direta e construtiva e são mais empáticos. Também tendem a assumir a própria responsabilidade por resultados negativos.

Questionário sobre ansiedade[8]

Instruções: Anote o número que melhor se aplica após cada item.

1 = quase nunca; 2 = às vezes; 3 = frequentemente; 4 = quase sempre

1. Eu me sinto inseguro. ____
2. Eu sou calmo, tranquilo e controlado. ____
3. Eu tomo decisões facilmente. ____
4. Eu me sinto realizado. ____
5. Eu sou feliz. ____
6. Eu me sinto satisfeito comigo mesmo. ____
7. Eu sou uma pessoa estável. ____
8. Eu me sinto bem. ____
9. Eu me sinto descansado. ____
10. Eu me preocupo demais com coisas que na verdade não são importantes. ____
11. Eu me sinto nervoso e inquieto. ____
12. Eu entro num estado de tensão ou agitação ao pensar sobre minhas preocupações e meus interesses recentes. ____

13. Eu não tenho muita autoconfiança. ___
14. Sinto que as dificuldades estão se acumulando e eu não consigo superá-las. ___
15. Eu me sinto um fracassado. ___
16. Sou tão afetado pelas desilusões que não consigo deixar de pensar nelas. ___
17. Eu gostaria de ser tão feliz quanto os outros parecem ser. ___
18. Alguns pensamentos sem importância passam pela minha cabeça e me incomodam. ___
19. Tenho pensamentos perturbadores. ___
20. Eu me sinto inadequado. ___

O questionário de avaliação sobre ansiedade é estruturado de forma que as respostas positivas nas perguntas de 1 a 9 indicam baixa ansiedade, enquanto nas perguntas de 10 a 20 sugerem ansiedade mais elevada. Por essa razão, a pontuação é um pouco mais complicada do que no inventário sobre culpa e vergonha. Funciona no seguinte passo a passo:

a) Some suas respostas às perguntas 1 a 9; o resultado é: ___
b) Subtraia 45 dessa soma do passo (a); o resultado é: ___
c) Some suas respostas às perguntas 10 a 20; o resultado é: ___
d) Some o resultado do passo (b) com o do passo (c) para obter sua PONTUAÇÃO DE ANSIEDADE = ___

As pontuações na avaliação sobre ansiedade variam de 20 a 80; a média é de 35; cerca de metade de todos os indivíduos pontua entre 31 e 39.[9] Pacientes deprimidos, que em geral sofrem de ansiedade, normalmente pontuam na casa dos 40 ou 50.[10]

A ansiedade é evocada pela percepção de uma ameaça. Em comparação ao medo, que é uma resposta a um perigo específico, identificável e iminente, a ansiedade é gerada pela percepção de uma ameaça potencial e imprevisível, que tem pouca probabilidade de causar algum prejuízo real, ou ser vaga ou ambígua, ou não ter uma fonte claramente identificável. É mais comum, portanto, as pessoas viverem num estado de ansiedade crônica que de medo crônico. Do ponto de vista evolutivo, ambas as emoções ajudam a nos proteger de ameaças, mas de maneiras muito diferentes. O medo estimula uma reação defensiva — a resposta de lutar ou fugir — e diminui rapidamente à medida que a ameaça desaparece. A ansiedade está associada a métodos de avaliação menos diretos e pode persistir por algum tempo. O mecanismo de proteção da ansiedade é estimular a previsão e a preparação para uma situação potencialmente prejudicial.

A tendência excessiva à ansiedade não é saudável por ser uma fonte de estresse, e um estado crônico de excesso de hormônios do estresse causa uma grande variedade de problemas médicos. Mas se, por um lado, a tendência à alta ansiedade aumenta o risco de mortalidade, a ansiedade anormalmente baixa também resulta em taxas de mortalidade mais altas: a baixa ansiedade reduz a probabilidade de os indivíduos sob risco procurarem ajuda ou tomarem medidas prudentes para evitar as ameaças. Talvez não consultem o médico quando encontram um caroço sob a pele, ou sejam mais propensos a fumar ou a adotar outros comportamentos de risco.

Questionários sobre raiva e agressividade

Assim como a vergonha e a culpa estão relacionadas e precisam ser consideradas juntas, a raiva e a agressividade também se correlacionam, pois a agressividade é uma resposta à raiva. Os questionários de avaliação sobre raiva e agressividade a seguir estão vinculados ao perfil emocional e devem ser considerados como um par.

Instruções: Anote o número que melhor se aplica após cada item.

1 = extremamente atípico em mim; 2 = um tanto atípico em mim; 3 = eu poderia responder para qualquer um dos dois lados; 4 = um tanto típico em mim; 5 = extremamente típico em mim

1. Eu tenho pavio curto, mas minha irritação dura pouco. ___
2. Quando fico frustrado, deixo minha irritação transparecer. ___
3. Às vezes me sinto como um barril de pólvora prestes a explodir. ___
4. Eu NÃO tenho temperamento tranquilo. ___
5. Alguns amigos acham que eu tenho cabeça quente. ___
6. Às vezes eu perco o controle sem um bom motivo. ___
7. Eu tenho dificuldade para controlar o meu gênio. ___

PONTUAÇÃO TOTAL DE RAIVA = ___

1. Digo abertamente aos meus amigos quando discordo deles. ___
2. Muitas vezes me pego discordando das pessoas. ___
3. Quando as pessoas me irritam, sou capaz de dizer o que penso delas. ___

4. Não consigo deixar de discutir quando as pessoas discordam de mim. ___
5. Meus amigos dizem que eu sou meio contestador. ___

PONTUAÇÃO TOTAL DE AGRESSIVIDADE = ___

As pontuações no inventário sobre raiva variam de 7 a 35. A pontuação média é de 17; cerca de metade de todos os respondentes pontua entre 13 e 21.

As pontuações no inventário sobre agressividade variam de 5 a 25; a pontuação média é de 15, e cerca de metade de todos os respondentes pontua entre 12 e 18.[11]

As pessoas tendem a ver a raiva e a agressividade como destrutivas, ou no mínimo contraproducentes. Mas, do ponto de vista evolutivo, elas só poderiam ter se desenvolvido se aumentassem as chances de sobrevivência e reprodução. Entender essa origem evolutiva ajuda a compreender a raiva e a agressividade em nós mesmos e nos outros.

Em todo o mundo animal, é o acesso a recursos como alimento, água e acasalamento que determina quais indivíduos sobrevivem e transmitem seus genes. Embora no mundo humano moderno esse acesso normalmente não seja mais decidido com base na força ou em ameaças, enquanto evoluíamos, e na maioria das sociedades animais, era a ameaça da força que determinava quem obtinha o quê. Talvez a função mais crucial da raiva e da agressividade na nossa evolução fosse estabelecer acesso a esses recursos necessários a um indivíduo e sua prole.

A raiva estimula alguém a agir quando o acesso às necessidades para a sobrevivência ficar impedido ou se outro indivíduo dificultar a realização de um objetivo. A resposta irada muitas vezes parece desproporcional ao que a provocou, mas faz sentido do ponto de vista da sobrevivência, pois uma reação raivosa tem a finalidade de deter não apenas a ameaça atual, mas a soma de todas as ameaças semelhantes que ocorreriam no futuro se essas reações raivosas não fossem tomadas.

A agressividade é uma importante reação defensiva, que pode ser ativada em vários contextos distintos, como quando um indivíduo ameaça a cria de uma fêmea, por exemplo. O tipo de agressividade avaliado neste questionário é a agressividade verbal, uma forma moderna que talvez não tenha existido dezenas de milhares de anos atrás, mas que certamente é importante na sociedade atual. Uma pontuação baixa pode indicar que você hesita em se afirmar. Uma pontuação muito alta é um sinal de que os outros talvez o julguem um tipo contestador.

Nem a raiva nem a agressividade têm hoje necessariamente o mesmo efeito do que tiveram no nosso ambiente ancestral, e ambas podem sair do controle. Se você teve uma pontuação alta na escala de raiva ou na de agressividade, ou caso se sinta muito estressado em geral, o que diminui seu limite em relação ao que provoca essas emoções, é importante se manter atento à regulação emocional. Pois você pode não só fazer algo de que vai se arrepender, como também sofrer de vários problemas físicos, como enxaquecas, síndrome do intestino irritável e pressão alta, que são causados pelo excesso de raiva. Na verdade, estudos mostram que pessoas que costumam reagir com raiva ou agressividade são bem mais suscetíveis a um ataque cardíaco precoce do que aquelas mais calmas.

Vou falar sobre métodos genéricos de controle das emoções no próximo capítulo, mas há duas abordagens específicas bastante eficazes em relação a essas emoções em particular. Uma delas é se afastar da situação, fazer uma pausa, dar uma caminhada, respirar fundo várias vezes, dar um tempo para se acalmar. A outra é sentir compaixão pelo objeto de sua raiva. Digamos que alguém o ameace com uma arma exigindo dinheiro. Você pode ficar com raiva e desdenhar seu agressor, ou pensar na infelicidade e nas dificuldades que podem ter levado alguém a esse extremo. Foi o que Lou Williams, jogador da NBA, fez quando um assaltante armado bateu na janela do seu carro exigindo dinheiro enquanto ele estava parado num sinal vermelho, no norte da Filadélfia. Williams conversou com o homem, que afinal disse: "Eu acabei de sair da prisão. Estou sofrendo. Estou com fome. Tudo que eu tenho é esta arma". O assaltante acabou desistindo e Williams o levou para jantar. O Dalai Lama, entre outros, apregoa esse tipo de atitude. Certa vez, uma mulher que estava indo vê-lo presenciou na rua a cena de um homem batendo num cachorro.[12] Ela comentou o fato com o Dalai Lama quando o encontrou. A resposta dele foi: "Compaixão significa sentir pena tanto do cachorro como do homem". Ao desarmar a raiva, essa compaixão beneficia todos os envolvidos.

O Questionário Oxford sobre Felicidade[13]

Instruções: Abaixo há algumas afirmações sobre a felicidade. Indique o quanto você concorda ou discorda de cada uma inserindo o número de acordo com o seguinte código:

1 = discordo totalmente; 2 = discordo em parte; 3 = discordo um pouco; 4 = concordo um pouco; 5 = concordo em parte; 6 = concordo totalmente

1. Eu não me sinto particularmente satisfeito com o que sou. ___
2. É raro eu acordar me sentindo descansado. ___
3. Não me sinto particularmente otimista quanto ao futuro. ___
4. Não acho que o mundo seja um bom lugar. ___
5. Eu não me acho atraente. ___
6. Existe uma lacuna entre o que eu gostaria de fazer e o que fiz. ___
7. Eu não me sinto muito no controle da minha vida. ___
8. Não acho fácil tomar decisões. ___
9. Não tenho um sentido específico do significado e do propósito da minha vida. ___
10. Eu não me divirto no convívio com outras pessoas. ___
11. Não me sinto particularmente saudável. ___
12. Não tenho lembranças particularmente felizes do passado. ___
13. Eu me interesso muito pelas pessoas. ___
14. Acho que a vida é muito gratificante. ___
15. Sinto muito afeto por quase todas as pessoas. ___
16. Eu me divirto com muitas coisas. ___
17. Estou sempre comprometido e envolvido. ___
18. A vida é boa. ___
19. Eu rio bastante. ___
20. Estou muito satisfeito com tudo na minha vida. ___
21. Eu sou muito feliz. ___
22. Vejo beleza em algumas coisas. ___
23. As pessoas sempre acham que eu sou otimista. ___
24. Consigo me encaixar no que eu quiser. ___
25. Eu me sinto capaz de encarar qualquer coisa. ___
26. Sinto que minha mente é totalmente atenta. ___
27. Muitas vezes eu me sinto alegre e eufórico. ___

28. Sinto que tenho bastante energia. ___
29. Costumo exercer uma influência positiva sobre os acontecimentos. ___

Este inventário é estruturado de forma que respostas afirmativas às perguntas de 1 a 12 indiquem um baixo grau de felicidade, enquanto respostas afirmativas às perguntas de 13 a 29 sejam sinais de felicidade. Consequentemente, a pontuação é um pouco mais complicada do que na maioria dos outros inventários. Funciona no seguinte passo a passo:

a) Some suas respostas às perguntas de 1 a 12; o resultado é: ___
b) Subtraia 72 da soma do passo (a); o resultado é: ___
c) Some suas respostas às perguntas de 13 a 29; o resultado é: ___
d) Some o resultado do passo (b) com o resultado do passo (c) para obter sua PONTUAÇÃO TOTAL DE FELICIDADE: ___

A pontuação no Questionário Oxford sobre Felicidade pode variar de 29 a 174. A pontuação média fica em torno de 115; a maioria das pontuações se situa entre 95 e 135.[14]

O questionário sobre a felicidade fornece uma medida da sua linha de base de felicidade. É um ponto definido a partir do seu DNA. Determina apenas a sua "suscetibilidade" a ser feliz. O fato de *ser* feliz, e do quanto é feliz, depende não só da linha de base mas também de outros fatores, como circunstâncias externas e o seu comportamento.

As pessoas tendem a superestimar a importância das circunstâncias externas, do que acontece na vida, para nos fazer felizes. Na verdade, ganhar mais, ter um carro melhor ou ver nosso time ser campeão mundial não resultam em tanta felicidade quanto supomos. Da mesma forma, perder o emprego, romper com um parceiro amoroso ou ver nossa equipe perder uma competição importante não nos torna tão infelizes quanto imaginamos. Mas as pesquisas mostram que, apesar de afetarem a nossa vida, as circunstâncias e os acontecimentos não alteram tanto o nosso nível de felicidade, e nem pelo tempo que imaginamos. Por exemplo, em um estudo clássico, pesquisadores perguntaram a cem americanos entre a lista dos mais ricos da revista *Forbes* qual era o nível de felicidade deles, e compararam as respostas com as de cem pessoas selecionadas nas listas telefônicas.[15] Os americanos mais ricos, que ganhavam mais de 10 milhões de dólares por ano, se declaram apenas um pouco mais felizes que a média de suas contrapartes.

Essa pesquisa sugere que o nível estabelecido da felicidade, bem como as circunstâncias e os acontecimentos recentes, respondem por boa parte, mas não por todo o seu nível de felicidade. E quanto ao resto? O resto se deve ao nosso comportamento, e a boa notícia é que, diferentemente dos outros fatores, esse está sob nosso controle. O tema já foi bastante estudado por pesquisadores da felicidade nos últimos anos.[16] Portanto, se você pontuou abaixo do que gostaria no inventário sobre a felicidade, ou se simplesmente acha que desejaria ser mais feliz, seguem aqui alguns comportamentos recomendados por uma expoente nesse campo, Sonja Lyubomirsky: dedicar tempo à família e aos amigos; atentar para a gratidão e expressá-la em relação a tudo o que você tem; envolver-se regularmente em atos de bondade para com os outros; cultivar o otimismo ao ponderar sobre o seu futuro; saborear os prazeres da vida e tentar viver o momento presente; praticar exercícios semanal ou diariamente; tentar encontrar e se comprometer com objetivos de longo prazo, seja ativismo social, ensinar crianças, escrever um romance ou cuidar de um jardim maravilhoso.[17] Diz Lyubomirsky:

> Considere quanto tempo e comprometimento muita gente dedica a exercícios físicos, seja musculação, corrida, kickboxing ou ioga [...]. Se você quer aumentar sua felicidade, precisa se empenhar de maneira equivalente. Em outras palavras, tornar-se mais feliz de forma duradoura exige algumas mudanças permanentes que demandam esforço e comprometimento todos os dias da sua vida.

Questionário sobre amor/apego romântico

Este questionário avalia até que ponto você é "suscetível" ao amor e ao apego — o quanto se sente à vontade junto com outras pessoas e em um relacionamento íntimo e amoroso. Se você estiver envolvido em um relacionamento romântico, tente responder às perguntas de forma genérica, sem levar em conta as especificidades da sua relação atual.

Instruções: Avalie os itens abaixo numa escala de 1 a 7, sendo 1 = discordo totalmente e 7 = concordo totalmente.

1. Eu me sinto confortável em compartilhar meus pensamentos e sentimentos íntimos com meu parceiro. ___
2. Eu me sinto muito confortável perto dos meus parceiros. ___
3. Acho relativamente fácil me aproximar do meu parceiro. ___
4. Não é difícil para mim me aproximar do meu parceiro. ___
5. Geralmente eu discuto meus problemas e preocupações com meu parceiro. ___

6. Recorrer ao meu parceiro em momentos de necessidade me ajuda. ___
7. Eu conto praticamente tudo ao meu parceiro. ___
8. Eu converso sobre as coisas com meu parceiro. ___
9. Eu fico confortável confiando nos meus parceiros. ___
10. Eu acho fácil confiar nos parceiros. ___
11. Para mim é fácil ser afetuoso com meu parceiro. ___
12. Meu parceiro realmente me entende e entende minhas necessidades. ___
13. Prefiro não demonstrar a um parceiro quando me sinto muito desanimado. ___
14. Acho difícil me permitir contar com meus parceiros. ___
15. Não me sinto confortável em me abrir com meus parceiros. ___
16. Prefiro não ficar muito próximo dos meus parceiros. ___
17. Eu me sinto desconfortável quando um parceiro quer ficar muito próximo. ___
18. Eu fico nervoso quando os parceiros se aproximam demais de mim. ___

Neste questionário, respostas afirmativas aos itens 1 a 12 indicam apego, enquanto respostas afirmativas aos itens 13 a 18 indicam rejeição ao apego. O passo a passo para a pontuação é o seguinte:

a) Some suas respostas às questões 1 a 12; o resultado é: ___
b) Some suas respostas às questões 13 a 18; o resultado é: ___
c) Subtraia 48 da soma do passo (b); o resultado é: ___
d) Some o resultado do passo (a) com o resultado do passo (c) para obter sua PONTUAÇÃO TOTAL DE AMOR/APEGO: ___

As pontuações neste questionário sobre amor/apego romântico variam de 18 a 126. A pontuação média é de 91,5. Cerca de metade de todas as pontuações ficam entre 78 e 106; portanto, se você ficar abaixo disso é porque está menos aberto a um relacionamento íntimo que a maioria, e se ficar acima é porque está mais aberto que a maioria.[18]

O estado emocional do amor tem um efeito enorme sobre a química do cérebro.[19] Como é de esperar, a simples visão de alguém que amamos faz o cérebro liberar dopamina — ativando o aparato do querer no sistema de recompensa. Mas o amor no cérebro também se diferencia pelo que ele desativa. Uma das regiões desativadas se associa à emoção negativa, proporcionando aquela sensação de estar nas nuvens. Outra é uma região associada ao julgamento social, o que em geral deixa os apaixonados menos críticos em relação aos outros. E outra tem a ver com a capacidade de distinguir entre si mesmo e os outros, propiciando a sensação de que você e seu amado são uma só pessoa. E assim o pensamento de alguém profundamente apaixonado estará atipicamente voltado para o bem-estar do amado, e não tanto ao próprio bem-estar. Por que a natureza nos dotou desse estado mental complexo, capaz de mudar o curso natural da vida? Como isso contribui para a sobrevivência e o sucesso reprodutivo dos seres humanos?

Os antropólogos nos dizem que o amor romântico é uma emoção muito antiga. Afirmam que evoluiu há cerca de 1,8 milhão de anos. A reprodução dos mamíferos requer um investimento particularmente intenso de tempo e energia da mãe, além da dedicação a uma prole específica. O apego a um parceiro aumenta não só a capacidade de sobrevivência do casal, mas também a dos filhos. As mulheres eram mais aptas a cuidar da sobrevivência dos filhos, enquanto os homens ajudavam as mulheres na coleta de alimentos, na busca de abrigo, na proteção e na transmissão dessas habilidades para seus descendentes.

Atualmente, o amor parece não variar no mundo. Em uma pesquisa, antropólogos encontraram evidências de amor romântico em 147 culturas radicalmente diferenciadas.[20] Mesmo entre os Hadza, um povo isolado de caçadores-coletores pré-tecnológicos na Tanzânia, existe amor, casamento e comprometimento. Além disso, os psicólogos evolucionistas que estudaram os Hadza descobriram que o grau de comprometimento entre os parceiros está correlacionado com o número de filhos que sobrevivem — isto é, ao seu "sucesso reprodutivo".[21] Ou, como disse o poeta "notoriamente ranzinza" Philip Larkin: "O que sobreviverá de nós é o amor".[22]

O seu perfil emocional

Agora que você avaliou as suas tendências, pode revisar as pontuações e refletir sobre o seu perfil emocional. Talvez você esteja contente por ter pontuado bem em alegria e amor mas tenha descoberto que é suscetível à vergonha e à culpa. Ou pode ter descoberto (ou confirmado) que é mais ansioso que o normal.

Não há certo ou errado nessas pontuações. Todos somos diferentes, e essas diferenças são parte de quem somos. Com certeza não é preciso ter como objetivo estar na média em todos os aspectos do perfil. Eu tenho amigos cronicamente ansiosos que se orgulham disso; dizem que os ajuda a ter mais cautela e evitar problemas. Conheço pessoas tremendamente alegres e otimistas, o que muitas vezes não as leva a tomar as decisões ideais, mas mesmo assim elas se sentem felizes. Alguns que fizeram esses testes os consideraram esclarecedores, um estímulo para se tornarem mais conscientes dos próprios sentimentos e das razões por trás de algumas de suas ações. E, ao se conscientizarem, às vezes se empenham para tentar mudar alguns dos aspectos que os impedem de ter uma vida mais plena e íntegra.

O seu perfil emocional é o resultado de uma interação complexa entre natureza e criação, da constituição física do seu cérebro e das experiências que o impactaram. Todos reagimos ao nosso estado emocional, mas também temos a capacidade de controlá-lo. Esse controle, ou regulação, pode ser tanto consciente como inconsciente. Além disso, os processos voluntários e que inicialmente estão sob nosso controle podem vir a se tornar mais automáticos com a prática. Seja qual for o seu perfil, saber onde você se situa é o primeiro passo para entender como suas emoções afetam sua vida e ajudá-lo a decidir se gostaria de se empenhar para mudar, que é o tópico do capítulo final.

9. Administrando as emoções

Em outubro de 2011, uma líder de torcida da Le Roy High School, no oeste de Nova York, acordou de um cochilo com o rosto se contorcendo e o queixo projetando-se para a frente em espasmos incontroláveis.[1] Algumas semanas mais tarde, enquanto ela ainda sentia os sintomas, sua melhor amiga, também uma experiente líder de torcida, começou a gaguejar depois de acordar de uma soneca. Dali a pouco começou a ter convulsões. Os braços se agitavam. A cabeça balançava para a frente e para trás. Duas semanas depois surgiu um terceiro caso. Logo havia uma dúzia de adolescentes afetadas pela enfermidade.

A natureza dos sintomas indicava a possibilidade de doença neural ou de contaminação tóxica. Um neurologista suspeitou que fosse causada por um tipo raro de resposta imunológica a uma infecção estreptocócica. Outros desconfiaram de algo na água ou no solo das dependências da escola. Ou de um possível vazamento de um depósito de cianeto existente há quarenta anos na vizinhança. Os investigadores consultaram a bibliografia acadêmica em busca de episódios anteriores de tiques neurológicos contagiosos. O Departamento de Saúde do Estado de Nova York entrou em cena. O mesmo fez Erin Brockovich, famosa por, apesar da falta de formação acadêmica, ter conseguido uma indenização de 333 milhões de dólares da Pacific Gas and Electric por contaminação ambiental. Durante meses os pesquisadores examinaram históricos médicos familiares, doenças anteriores e possível exposição a substâncias tóxicas. A água potável do prédio da escola foi testada para 58 produtos químicos orgânicos, 63 pesticidas e herbicidas e onze metais. A qualidade do ar interno foi examinada e pesquisou-se a presença de fungos.

Os detetives médicos não encontraram nada fora do normal e se viram diante de várias perguntas incômodas. Por que a doença se manifestava quase exclusivamente em meninas adolescentes? Por que seus pais ou irmãos não eram afetados? E por que os sintomas se desenvolviam repentinamente quando as toxinas, se houvesse, já estavam em circulação há anos ou décadas? No fim, a maioria dos especialistas concordou que as meninas sofriam de uma espécie de contágio psicológico.

Apesar de não serem muito noticiados, surtos do que tecnicamente se rotula de doença psicogênica em massa são mais comuns do que se imagina. Por exemplo, em 2002, dez meninas de uma escola de ensino médio na Carolina do Norte apresentaram sintomas semelhantes. O mesmo aconteceu com nove meninas de outra escola na Virgínia em 2007. Mas o fenômeno não se restringe a uma faixa etária, um gênero ou uma cultura específica. Episódios análogos foram observados em todo o mundo, mesmo entre caçadores-coletores da Nova Guiné.[2] A síndrome pode surgir em qualquer grupo cujos membros tenham alguma conexão social e estejam sob estado de ansiedade intenso ou prolongado.

Um tipo de contágio muito mais ameno e cotidiano foi descrito por Adam Smith em 1759: "Quando vemos um golpe dirigido [à] perna ou ao braço de outra pessoa, naturalmente encolhemos e afastamos [...] nossa perna ou nosso braço". Smith considerou essa imitação "quase um reflexo".[3] Ele estava certo. Nós somos programados para sentir o que os outros sentem. Na verdade, estudos de imagens mostram que as estruturas cerebrais ativadas quando sentimos nossas emoções são automaticamente ativadas quando observamos essas emoções nos outros.[4]

A disseminação da emoção de pessoa para pessoa, em uma instituição ou mesmo por toda uma sociedade, é um subcampo importante da nova ciência da emoção, com um número de estudos anuais dez vezes maior nos últimos anos. Os psicólogos chamam esse fenômeno de "contágio emocional".

Você conversa com uma colega. Percebe que se sente um pouco desconfortável. Começa a ficar ansioso. Quando se afasta, lembra que estava se sentindo bem antes de começar o bate-papo. Percebe que aquela colega costuma ter esse efeito sobre você. Ela tem uma tendência à ansiedade, e você sente o mesmo depois de falar com ela. Por que isso acontece?

Historicamente, a sobrevivência humana dependia da capacidade de funcionar dentro de um contexto social. Precisamos entender os outros e encontrar maneiras de estabelecer uma conexão. Sincronizar emoções facilita essa conexão. Como consequência, os humanos, assim como outros primatas, são mímicos inatos. Os interlocutores numa conversa tendem a sincronizar seus ritmos. Quando os bebês abrem a boca, as mães também tendem a abrir.[5] Nós imitamos sorrisos, expressões de dor, afeto, constrangimento, desconforto e aversão. Até o riso é contagioso. É por isso que as séries de comédia na televisão usam risos gravados ao fundo e os apresentadores de talk-shows fazem seus monólogos no estúdio ante um público já preparado (e forçado) para dar risadas. Para quem assiste em casa, as mesmas piadas que parecem hilárias com uma audiência que ri ao fundo muitas vezes não têm graça sem o acompanhamento sonoro.

O tipo de mimetismo de que estou falando não surge da intenção consciente, mas do inconsciente. Não temos consciência do que fazemos. Algumas imitações se manifestam num intervalo de tempo impossível para uma reação consciente. Por exemplo, em um estudo clássico, Muhammad Ali demorou 190 milissegundos para detectar um sinal luminoso, e mais 40 milissegundos para reagir com um soco.[6] Mas pesquisas realizadas com estudantes universitários envolvidos numa interação social mostram que eles às vezes sincronizam seus movimentos faciais e corporais com os dos interlocutores em 21 milissegundos. Essa sincronização-relâmpago só é possível porque vem de estruturas cerebrais subcorticais fora do nosso controle consciente. Na verdade, pessoas que tentam espelhar as outras conscientemente costumam parecer falsas.

Um dos efeitos do contágio emocional é que o grau de felicidade das pessoas tende a refletir o de seus amigos, familiares e vizinhos. De certo modo, nós somos aqueles com quem convivemos. Pelo menos essa é a conclusão de um recente estudo conjunto entre Harvard e a Universidade da Califórnia em San Diego, que acompanhou a vida de 4739 indivíduos ao longo de um período de vinte anos.[7] Os participantes do estudo não eram um grupo aleatório de estranhos; eram uma grande rede social. Para cada participante o grupo incluiu, em média, 10,4 outros com os quais havia algum laço social — parentes, vizinhos, amigos, até amigos de amigos — chegando a um total de mais de 53 mil interconexões. Os sujeitos eram entrevistados a intervalos de dois a quatro anos para terem seu grau de felicidade verificado e quaisquer mudanças nos laços sociais, documentadas. Os dados foram computadorizados e analisados com a matemática sofisticada da análise de rede. A conclusão: pessoas cercadas por pessoas felizes tendem a ser felizes e são mais propensas a ser felizes no futuro — pela *disseminação da felicidade*, e não só pela tendência de se associar a indivíduos semelhantes.

O mais surpreendente de todas as novas pesquisas sobre contágio emocional vem de estudos que mostram a facilidade com que isso acontece. Você não precisa entrar em contato com alguém, nem mesmo falar com ninguém pelo telefone; nossas emoções podem ser influenciadas via mensagens de texto ou pelas redes sociais. Considere um polêmico experimento de manipulação de emoções conduzido pelo Facebook com seus usuários, sem que eles soubessem, em 2012. Nesse estudo, a empresa de mídia social manipulou o que 689 mil pessoas viram ao filtrar o conteúdo emocional positivo ou negativo dos seus feeds de notícias.[8] Os pesquisadores relataram que, quando as expressões positivas eram reduzidas nos feeds de notícias, os usuários também diminuíam as postagens positivas e faziam mais postagens negativas, e quando as manifestações negativas foram reduzidas, ocorreu o inverso. Um estudo semelhante do Twitter (no qual não se manipulou o conteúdo de ninguém) também descobriu que as pessoas que liam conteúdos negativos faziam mais postagens negativas e as que acessavam conteúdo mais positivo faziam postagens mais positivas.[9]

Como muitos aspectos da emoção, o contágio emocional, apesar de vantajoso no nosso passado evolutivo, nem sempre é benéfico na sociedade atual. Mas sob um aspecto isso implica uma lição muito importante e otimista: se as caras feias e as mensagens de texto dos outros podem alterar nosso estado emocional, nós também deveríamos poder fazer a mesma coisa. E as pesquisas mostram que de fato é possível assumir o controle das nossas emoções.

A mente sobre a emoção

Nossas emoções nos levam às profundezas da tristeza e às alturas da alegria. São o condutor dominante por trás de escolhas e comportamentos, a razão pela qual formulamos e atingimos objetivos. Mas também podem ser a primeira coisa a nos tirar dos trilhos. É normal sentir uma tristeza de partir o coração quando nos lembramos da perda de um ente querido. Mas não é bom sentir a mesma coisa quando não se consegue abrir uma lata de molho de tomate. Um dos temas recorrentes no estudo da emoção, e também neste livro, é que as emoções integram uma parte necessária da nossa existência, e geralmente são benéficas, mas nem sempre. Como a maioria das nossas emoções evoluiu numa época em que a vida era bem diferente, é provável que em alguns momentos elas não sejam ideais para as nossas necessidades de hoje. Em particular, estados emocionais excessivamente intensos podem ter um lado negativo. A ansiedade se desenvolveu para nos tornar mais cuidadosos, mas quem sabe também não desencadeie o pânico. A tristeza pela perda de alguém nos lembra de algo importante, mas talvez oblitere a esperança ou o otimismo e se transforme em depressão. A raiva nos motiva a enfrentar a situação que a gerou e aumenta os níveis de adrenalina para estimular a reação, mas também pode fazer com que você aja afastando os outros, o que frustraria seus objetivos.

Todos nós deparamos com situações em que a modulação da emoção seria benéfica. Há momentos em que é melhor esconder ou suprimir nossos sentimentos, pois eles podem ser vistos como não profissionais ou inapropriados. Ou ocasiões em que, para o nosso próprio bem-estar, queiramos diminuir a intensidade do que estamos sentindo. Estudos sobre inteligência emocional mostram que os líderes empresariais, políticos e religiosos mais bem-sucedidos em geral são os que conseguem controlar suas emoções e usá-las como ferramentas ao interagir com os outros. Embora as pontuações de QI às vezes estejam em correlação com habilidades cognitivas, o controle e o conhecimento do próprio estado emocional são os fatores mais importantes para o sucesso profissional e pessoal.

A capacidade de regular as emoções é uma característica especificamente humana. Até animais inferiores utilizam muitos dos mesmos neurotransmissores que nós, e em muitos animais superiores a emoção está associada a circuitos cerebrais semelhantes aos dos humanos. Camundongos ansiosos se acalmam quando tomam Valium; polvos ficam amorosos quando ingerem ecstasy; e drogas psicotrópicas que atuam em humanos costumam surtir o mesmo efeito em ratos. Mas esses animais não têm a capacidade de efetuar essas mudanças por conta própria. Nem conseguem modular, retardar ou ocultar o que estiverem sentindo. A maioria dos animais reage instantaneamente e sem nenhum disfarce a qualquer emoção que os estimule. Os humanos podem moderar, aumentar, fingir ou afastar emoções, mas um gato não finge que não gosta de uma comida que aprecia, nem evita seus sentimentos se for provocado. Essa é uma das diferenças gritantes entre o nosso sistema emocional e o deles.

Nos humanos, a regulação da emoção tem benefícios físicos e psicológicos. Está correlacionada, por exemplo, com a melhor saúde física, especialmente no que diz respeito a doenças cardíacas.[10] Em um estudo de treze anos de duração feito entre homens idosos, os que apresentaram níveis mais baixos de regulação emocional tiveram 60% mais chance de sofrer um ataque cardíaco do que os mais traquejados em autorregulação. Os cientistas ainda não entendem bem esse mecanismo, mas especulam que a regulação da emoção diminui a atividade do sistema de resposta ao estresse do corpo. Quando você está em perigo físico iminente, a resposta ao estresse o prepara para o conflito. Ela aumenta a pressão arterial e a frequência cardíaca, contrai os músculos, dilata as pupilas para a pessoa enxergar melhor. Isso é útil se você estiver prestes a enfrentar o ataque de hienas nas savanas dos nossos ancestrais; mas já não é tão útil quando o ataque é verbal e vindo do seu chefe. E tem um custo: a resposta ocorre pela liberação de hormônios do estresse, que têm um efeito inflamatório já vinculado a doenças cardiovasculares e outras enfermidades.

Tendo em vista os benefícios da capacidade de controlar as emoções, não surpreende que as pessoas venham adotando muitos métodos para atingir esse objetivo ao longo do tempo. Alguns funcionam; outros, não. Só nas duas últimas décadas os psicólogos de campo se concentraram em discernir esses métodos, estudando e validando a eficácia das várias abordagens. A seguir, vou falar sobre três das mais eficazes: aceitação, reavaliação e expressão.

Aceitação: O poder do estoicismo

Considere a história de James Stockdale. Em setembro de 1965, ele era comandante da aviação naval em seu terceiro turno na linha de frente no Vietnã do Norte.[11] Voando pouco acima do topo das árvores, a quase mil quilômetros por hora, seu jato Skyhawk A-4 topou com uma barreira antiaérea. Os disparos avariaram o sistema de controle do Skyhawk, e Stockdale não conseguia mais pilotar. O avião pegou fogo. Ele decidiu ejetar-se.

Enquanto planava no curto trajeto do paraquedas até o vilarejo abaixo, percebeu que teria muito pouco controle sobre sua vida no futuro previsível. Stockdale se lembra de ter pensado: "A partir de agora eu deixo de ser um comandante aeronaval, encarregado de mil pessoas [...], beneficiário de toda sorte de status simbólico e boa vontade, para ser objeto de desprezo [...], um criminoso [aos olhos deles]".

Não demorou muito para sua nova vida se materializar. Assim que pousou, foi tão espancado por uma multidão que fraturou uma perna, o que o deixou manco pelo resto da vida. Derrubado, chutado e amarrado com cordas apertadas como torniquetes, Stockdale foi levado para uma prisão norte-vietnamita, onde ficou detido por sete anos e meio, mais do que seu companheiro de prisão e depois amigo John McCain, o senador. Durante esse período, Stockdale foi torturado quinze vezes.

Anos de tortura e privação tendem a cobrar um preço emocional. É difícil não ser dominado por terror, dor, tristeza, raiva e aflição. Mas, para seus companheiros de prisão, Stockdale era uma rocha. Único comandante aeronaval a sobreviver a uma ejeção, era o oficial mais graduado e se tornou o líder clandestino do que viria a ser uma população prisional de quase quinhentos pilotos. Quando a guerra acabou, Stockdale conseguiu se recompor, subir ao posto de vice-almirante e ser companheiro de chapa de Ross Perot na eleição presidencial de 1992. Como ele lidou com tanto sucesso depois das condições brutais de vida como prisioneiro de guerra?

Stockdale disse que, após se ejetar do avião, percebeu que teria cerca de trinta segundos antes de pousar na rua principal daquele pequeno vilarejo. Então, escreveu mais tarde, "eu murmurei para mim mesmo: 'Pelo menos cinco anos lá embaixo. Estou deixando o mundo da tecnologia e entrando no mundo de Epicteto'".

Stockdale estudara esse filósofo da Antiguidade em Stanford, onde um professor o introduziu ao *Enquirídio de Epicteto*, o manual da filosofia grega sobre o estoicismo. O livro tornou-se sua bíblia, sempre ao seu lado na mesa de cabeceira, durante os três anos que passou no porta-aviões antes de ser abatido.

O estoicismo costuma ser mal interpretado. É associado à ideia de que a riqueza ou mesmo o conforto são ruins. Mas não é isso que o estoicismo ensina. A filosofia estoica nos adverte para não nos prendermos demais aos confortos materiais, a não nos viciarmos na nossa riqueza ou em qualquer bem material, mas não demoniza essas coisas. Às vezes também afirma-se que o estoicismo aconselha a evitar as emoções, mas isso também não está certo. O que os estoicos diziam é que não se deve ser psicologicamente escravizado pelas emoções: não ser manipulado por elas, mas sim estar ativamente no comando.

Epicteto escreveu: "O senhor de um homem será aquele que for capaz de dar ou retirar qualquer coisa que esse homem queira ter ou queira evitar".[12] Se você não depender de ninguém além de si mesmo para satisfazer seus desejos, só terá a si mesmo como senhor e será livre. A filosofia estoica era isso: assumir o controle da própria vida, aprender a trabalhar nas coisas que estão ao seu alcance para realizá-las ou mudá-las, e não desperdiçar energia com algo que não pode mudar ou realizar.

Em particular, os estoicos alertavam contra reagir emocionalmente ao que estiver fora do seu controle. Quase sempre, argumentava Epicteto, não são as circunstâncias que nos desanimam, mas os julgamentos que fazemos sobre delas. Considere a raiva. Não ficamos com raiva da chuva se ela estragar nosso piquenique. Isso seria uma tolice, pois não podemos fazer nada a respeito da chuva. Mas muitas vezes ficamos zangados se alguém nos trata mal. Como não conseguimos controlar ou mudar essa pessoa mais do que banir a chuva, isso também é uma tolice.

De modo mais geral, é tão fútil vincular nossos sentimentos de bem-estar a mudar o comportamento de alguém quanto os vincular ao clima. Epicteto escreveu: "Quando se trata de algo que não está sob o nosso controle, esteja preparado para dizer que aquilo não é nada para você".[13] Se você realmente aceitar essa filosofia e integrá-la ao seu modo de vida, vai evitar ou mitigar muitos estados emocionais que desperdiçam energia. Mas é preciso treinar sua mente nesse sentido — não só intelectualmente, mas em seu íntimo. Se conseguir fazer isso, você pode mudar o seu sistema de resposta emocional.

Quando chegou ao campo de prisioneiros de guerra, essa filosofia ajudou Stockdale a aceitar a nova vida. Começou a se preocupar não com os horrores da situação, mas com o que poderia fazer para sobreviver e tornar sua vida melhor. Deixou de lado a ansiedade sobre o que aconteceria a seguir. Superou o medo da tortura aceitando que não podia evitá-la, pressupondo que ela voltaria a acontecer e se concentrando no que fazer para sobreviver.

A aceitação é o cerne da abordagem estoica: você pode diminuir a dor emocional se aceitar que o "pior" pode acontecer e se concentrar apenas no que é possível fazer para responder de forma positiva. Isso faz com que a emoção o motive, em vez de sabotá-lo. A história de Stockdale é um exemplo isolado, mas os pesquisadores modernos estudaram essa técnica em experimentos controlados, e ela se mostrou poderosa.

Em uma das pesquisas, estudantes foram recrutados para participar de um simples jogo de associação.[14] De vez em quando o jogo era interrompido e eles tinham uma escolha: continuar jogando, mas receber um doloroso choque elétrico, ou desistir antes de terminar. Os choques aumentavam gradualmente em intensidade e duração. Os participantes foram divididos em dois grupos, e todos foram avisados antes de o jogo começar. Um grupo foi treinado para lidar com a dor dos choques cada vez mais fortes se distraindo. É como se vocês estivessem atravessando um pântano, disseram-lhes, e a melhor maneira de lidar com isso é imaginar um cenário agradável. O outro grupo também passou por um treinamento; mas no caso deles foi em termos de aceitação. Eles foram informados de que era possível aguentar a dor sem resistir, mesmo que ela ficasse cada vez mais intensa. Também se inteiraram sobre a metáfora da travessia de um pântano, mas, em vez de imaginar algo agradável, sugeriu-se que a melhor maneira de lidar com a adversidade é perceber e aceitar os pensamentos desagradáveis, não lutar contra eles ou os sentimentos que causam.

Os estudantes que aplicaram a aceitação se mostraram muito mais aptos a prosseguir; ou seja, jogaram muito mais tempo antes de desistir. Esses triunfos são um caso clássico de racionalidade e emoção trabalhando juntas, por meio de processos cerebrais que os estoicos podem ter intuído, mas não poderiam ter explicado: as estruturas da rede executiva do nosso córtex pré-frontal exercem influência sobre as muitas estruturas subcorticais associadas à emoção.[15] Quando sabemos como orquestrar isso, conseguimos regular a emoção.

Reavaliação: O poder da flexibilidade

Imagine que você está dirigindo para uma reunião de negócios e entra em uma rua interditada por obras. Você se perde tentando seguir o desvio e acaba chegando vinte minutos atrasado. Uma das reações é pensar: "Por que esses idiotas não dão instruções claras!". Esse pensamento talvez o deixe com raiva. Alternativamente, você pode se culpar: "Por que eu sempre me perco? O que há de errado comigo?". Essa reação vai deixá-lo frustrado. Ou quem sabe você reaja achando que todos na reunião vão ficar irritados com o seu atraso, e isso o deixará ansioso. Todas essas avaliações negativas em relação a uma rua interditada e suas consequências contêm um pouco de verdade, e provavelmente uma dessas interpretações (ou alguma outra) será dominante, determinando a emoção que você vai sentir.

É assim que as emoções funcionam. Entender o que acabou de acontecer é uma das fases pelas quais o cérebro passa à medida que uma reação emocional se desenvolve. Os psicólogos chamam isso de "avaliação". Parte da avaliação se dá no inconsciente, mas também acontece no nível consciente, e é aí que você pode intervir: se há diferentes maneiras de se avaliar uma situação, que por sua vez provocam emoções diferentes, por que não se educar para pensar de forma a produzir a emoção que você deseja? Nesse caso, por exemplo, você pode se orientar a ter pensamentos como "Ninguém vai se importar se eu chegar atrasado, porque tem muito mais gente na reunião". Ou "Ninguém vai se incomodar com isso porque eles sabem que eu costumo chegar na hora certa". Ou "Que bom que aquela obra me atrasou. Isso me dá uma ótima desculpa para perder os primeiros vinte minutos de uma reunião chata". Alterar o curso de como o cérebro interpreta alguma coisa é uma forma de provocar um curto-circuito no ciclo que resulta numa emoção indesejada. Os psicólogos chamam esse pensamento mais orientado de "reavaliação".

Há reações emocionais que fortalecem, enquanto outras enfraquecem. Emoções que fortalecem ajudam você a aprender as lições de cada situação e a avançar em direção aos seus objetivos. Interpretações enfraquecedoras o amarram à negatividade e prejudicam os seus objetivos. A reavaliação envolve reconhecer o padrão negativo desenvolvido nos seus pensamentos e mudar para um modelo mais desejável, mas sempre com base na realidade.

Pesquisas sobre reavaliação mostraram que nós temos o poder de escolher os significados que atribuímos às circunstâncias, aos eventos e às experiências da vida. Em vez de ficar ressentido com o garçom que parece ignorá-lo, passe a vê-lo como uma vítima de mesas demais. Em vez de ver o sujeito que está sempre se gabando de quanto ganha como um tipo detestável, considere-o inseguro pois todos os outros no seu grupo social têm um trabalho mais interessante que o dele. Mesmo que as avaliações negativas não se dissipem totalmente, as positivas acrescentam novas possibilidades ao seu pensamento, moderando a tendência de ver as coisas de forma negativa.

Um exemplo do poder da reavaliação é observado em um recente estudo realizado por membros da equipe de ciência cognitiva do U. S. Army Natick Soldier Systems Center (NSSC) em Natick, Massachusetts.[16] Os pesquisadores estudaram 24 jovens saudáveis. Eles os fizeram ir ao laboratório de pesquisa três vezes, nas quais tiveram de completar uma exaustiva corrida de noventa minutos na esteira. Aos trinta minutos, aos sessenta minutos e ao final da corrida, eles foram questionados sobre o grau do esforço ou se sentiam qualquer dor ou desconforto.

Os corredores não receberam instruções sobre como lidar com a primeira corrida na esteira. Nas duas corridas seguintes, metade dos sujeitos foi instruída a fazer uma reavaliação cognitiva para tentar mitigar seus sentimentos negativos — por exemplo concentrar-se no benefício cardíaco do exercício ou no orgulho que sentiriam no final. A outra metade, o grupo de controle, foi instruída a usar uma estratégia de distração semelhante à empregada no estudo da aceitação, como imaginar que estavam numa praia. Os pesquisadores constataram que, conforme o esperado, a distração não funcionou, mas o grupo que aplicou a reavaliação relatou níveis bem mais baixos de esforço e desconforto.

A capacidade de reavaliação não leva apenas a uma existência mais agradável; também pode ser a chave para o sucesso no local de trabalho. Como as emoções ajustam os cálculos mentais, ser capaz de mitigar emoções intensas é crucial em muitas profissões de alto estresse. Considere um estudo de caso liderado por Mark Fenton-O'Creevy, professor da Open University Business School, em Milton Keynes, a nordeste de Oxford.[17]

De fala mansa, cabelos brancos e escassos, Fenton-O'Creevy teve uma carreira bem variada: trabalhou como zelador de escola, chef, matemático de um instituto de pesquisa do governo, instrutor de atividades ao ar livre, professor de matemática, terapeuta de adolescentes com distúrbios emocionais e consultor de gestão, antes de ingressar como professor na faculdade de administração. Em 2010, ele e alguns colegas mergulharam no mundo real dos bancos de investimento de Londres para explorar o papel das emoções e estratégias de regulação da emoção. Pela formação de cada um, eles conseguiram ter acesso a um grupo de profissionais de finanças grande e poderoso.

Os pesquisadores fizeram longas entrevistas com 118 operadores profissionais e dez gerentes seniores de quatro bancos de investimento, três deles americanos e um europeu. Os pesquisados constituíram uma amostra representativa de operadores de ações, títulos e derivativos. Todos concordaram em revelar seus níveis de experiência e de salário, que, de acordo com os planos de remuneração, refletem o grau de sucesso de cada profissional. Os níveis de experiência variaram de seis meses a trinta anos, e os salários (incluindo bônus) de cerca de 100 mil dólares a 1 milhão de dólares por ano.

Os psicólogos falam sobre a tomada de decisão como resultado de dois processos paralelos: o "Sistema 1" e o "Sistema 2", popularizados por Daniel Kahneman em seu *Rápido e devagar*.[18] O Sistema 1 é rápido, baseado no inconsciente e capaz de processar grandes quantidades de informações complexas. O Sistema 2, a deliberação consciente, é lento e limitado no que diz respeito à quantidade de informações passíveis de se considerar em determinado momento. Também está sujeito à exaustão mental.

No mundo complexo e frenético do mercado de títulos, o processamento com o Sistema 1 é crucial para o sucesso, pois o fluxo de informações rápido e sofisticado está para além da capacidade apenas da mente consciente. Assim como um jogador de beisebol não depende de seu controle consciente para mover o taco e rebater uma bola pequena que se aproxima a 140 quilômetros por hora, os operadores também dependem do inconsciente para orientar suas decisões.

É aí que as emoções entram em cena. No nível inconsciente, as emoções, baseadas em experiências anteriores, fornecem um radar que direciona a atenção e modula a percepção, tanto de ameaças quanto de oportunidades. Por meio da emoção, o fluxo constante de dados e resultados que você processou ao longo do tempo vai moldar sua intuição e permitir uma escolha rápida da ação apropriada.

Considere o papel que a aversão desempenha ao codificar sua experiência com alimentos que podem fazer mal. Se você estiver prestes a engolir uma ostra e notar vermes rastejando por toda parte, não vai parar e analisar conscientemente os detalhes da situação à luz de circunstâncias semelhantes pelas quais já passou ou de que ouviu falar; você simplesmente engasga de nojo e cospe no chão. Da mesma forma, as emoções dos operadores envolvem suas experiências em negociações anteriores. "As pessoas acham que se você tiver um doutorado vai ser muito bom nessa área por entender da teoria das opções, mas nem sempre é esse o caso", disse um dos gerentes entrevistados pelos pesquisadores. "Você também precisa ter bons instintos."

Essa é a vantagem da emoção na tomada de decisões. A desvantagem se mostra quando a emoção fica descontrolada.

A equipe de Fenton-O'Creevy descobriu que os operadores menos bem-sucedidos, muitas vezes com pouca experiência, eram os que tinham dificuldade em manter suas emoções sob controle.

O mercado de capitais exige profissionais preparados, capazes de tomar decisões complexas e importantes rapidamente. Há muita coisa em jogo. "Do ponto de vista emocional, não foi fácil lidar com isso", disse um operador. "Havia momentos em que a mesa caía quase 100 milhões de dólares." Outro admitiu: "Quando você perde dinheiro, tem vontade de parar tudo e chorar. Os altos e baixos da vida de um operador variam da euforia ao desânimo total". Um terceiro observou: "Houve situações em que me senti extremamente estressado e, depois, fisicamente doente". Apesar de claramente lutarem com a emoção, esses e outros operadores relativamente menos bem-sucedidos negavam que a emoção desempenhasse qualquer papel significativo no seu trabalho. Eles tentavam suprimir as emoções, e ao mesmo tempo negavam que elas tivessem algum efeito nas suas tomadas de decisão.

Os operadores mais bem-sucedidos tinham uma atitude bem diferente. Reconheciam as próprias emoções e mostravam grande disposição para refletir sobre a importância da emoção nas suas ações. Admitiam que emoção e tomadas de decisão adequadas estavam intimamente ligadas. Ao aceitarem a necessidade das emoções para um bom desempenho, eles "tendiam a refletir criticamente sobre a origem de suas intuições e o papel da emoção". Aceitavam a função positiva e essencial desempenhada pelas emoções, e ao mesmo tempo entendiam que, quando elas se tornam muito intensas, é melhor saber como atenuá-las. A questão para os operadores de sucesso não era como evitar suas emoções, mas como regulá-las e controlá-las.

Fenton-O'Creevy observou que a abordagem de regulação da emoção mais bem-sucedida aplicada pelos operadores era a reavaliação. Se tivessem uma grande perda, diziam a si mesmos que de vez em quando isso era de esperar. Ou que, assim como uma grande negociação não deixa ninguém realizado, a grande perda também não destrói ninguém; todos viam os altos e baixos da sorte de seus colegas, e como um golpe de má sorte não era o fim do mundo.

Os gerentes dos operadores reconheciam a importância da emoção e de uma regulação eficaz. Um deles declarou: "Eu tenho que fazer o papel de supervisor de emoções". Mas não precisamos de um chefe para fazer isso por nós; podemos dar conta do recado sozinhos. O primeiro e mais importante passo é o autoconhecimento. Todos temos a capacidade de reconhecer e monitorar nossos sentimentos. A maioria das pessoas que assume essa atitude percebe que ela é melhor do que esperava. Assim, quando estamos em contato com nossos verdadeiros sentimentos, é possível tomar medidas para gerenciá-los empregando as estratégias que venho analisando. Se aprofundarmos e desenvolvermos esses aspectos da inteligência emocional, podemos nos tornar nossos próprios supervisores de emoções, usando a reavaliação como uma das armas cruciais no nosso arsenal de regulação eficaz.

Expressão: O poder das palavras

Karen S. é diretora de operações de uma produtora de médio porte em Hollywood. É um negócio exigente e competitivo.

Seu trabalho requer lidar com muitas pessoas difíceis, e com frequência depende de manter um bom relacionamento profissional com os clientes, mesmo quando eles não cumprem seus compromissos ou a tratam de forma injusta. Às vezes ela fica com raiva, e isso costumava atrapalhar seu trabalho. Então descobriu um remédio: escrever um e-mail para o agressor relatando em detalhes a injustiça cometida e declarando abertamente seus verdadeiros sentimentos, sem nenhuma autocensura. Mas ela não manda o e-mail. Deixa-o como rascunho, prometendo a si mesma examiná-lo novamente em alguns dias, o que nunca faz. Karen descobriu que o simples ato de expressar seus sentimentos já resolvia o problema, amainando a raiva e liberando-a para voltar ao trabalho.

Falar ou escrever sobre uma emoção pode ajudar a superá-la? Quase todo mundo conhece esse método, mas pesquisas feitas por psicólogos mostram que a maioria acha que não funciona.[19] Pelo contrário, acreditam que falar amplifica a emoção. A disposição para expressar sentimentos é especialmente baixa entre os homens. Apesar de os bebês do sexo masculino serem mais socialmente orientados que os do sexo feminino — são mais propensos a olhar para a mãe e fazer expressões faciais de raiva ou alegria —, quando chegam aos quinze ou dezesseis anos muitos machos da nossa espécie sucumbem ao estereótipo do gênero e evitam expressar o que sentem.[20]

Ao contrário do que nos diz a sabedoria popular, expressar as emoções negativas indesejadas ajuda a neutralizá-las. Psicólogos clínicos descobriram que conversar é mais eficaz quando envolve amigos de confiança ou alguém considerado importante, principalmente se essas pessoas já passaram por problemas parecidos. Encontrar o momento certo para conversar também é fundamental. Expor seus sentimentos é importante, mas talvez seja assustador, e as coisas podem dar errado se quem ouve estiver distraído ou não tiver tempo para prestar atenção.

Os psicólogos não têm a mesma experiência direta dos médicos, mas realizaram muitos estudos acadêmicos sobre como e por que essas conversas são benéficas. No mundo da pesquisa, falar ou escrever sobre seus sentimentos é chamado de "rotulagem do afeto".

Em estudos recentes, demonstrou-se que a rotulagem do afeto tem efeitos diversos e abrangentes, como diminuir a aflição sentida depois de ver fotos e vídeos chocantes, acalmar a ansiedade de quem se sente nervoso por falar em público e reduzir a gravidade de transtornos de estresse pós-traumático. Falar sobre os seus sentimentos aumenta a atividade cerebral do córtex pré-frontal e reduz a atividade da amígdala, efeito semelhante ao produzido pelo método de regulação pela reavaliação.[21] Também se constatou que o simples ato de escrever sobre experiências perturbadoras, como Karen S. faz, por vezes reduz a pressão arterial, ameniza sintomas de dor crônica e aumenta a função imunológica.

Os benefícios de expressar uma emoção perturbadora podem ser duradouros. Eu mesmo passei por isso recentemente, quando parei num sinal vermelho e um táxi bateu na traseira do meu carro a toda velocidade, acabando com o meu automóvel e quase acabando comigo. Depois disso, fiquei inseguro para dirigir. Sempre imaginava que outro carro iria me abalroar sem aviso, vindo do nada. Ficava particularmente ansioso quando parava num semáforo em alguma rua movimentada. Mas quando conversei sobre o acidente com amigos e conhecidos, vi meus sentimentos se diluírem. As conversas não me acalmaram só naquele momento; tiveram um efeito de longo prazo, me ajudando a superar gradualmente o trauma.

Embora haja muitas evidências prosaicas sobre a vantagem de falar, e os médicos jurem que é verdade, até recentemente todos os estudos científicos que apoiam os benefícios da rotulagem do afeto eram realizados em laboratórios de psicologia, e não *in vivo*, em casas ou locais de trabalho. Isso mudou em 2019, quando foi publicado na prestigiada revista *Nature* um empolgante estudo feito no mundo real por um grupo de sete cientistas.[22]

Os pesquisadores estudaram as emoções expostas nas linhas do tempo do Twitter. Enquanto os experimentos em laboratório limitam-se a algumas dezenas ou centenas de participantes, nesse caso foi possível analisar o conteúdo emocional de doze horas de fluxos de tuítes de 109 943 usuários do Twitter. Os tuítes constituíam os pensamentos da vida real dos sujeitos, respostas a tudo o que estava acontecendo no seu mundo, captados e preservados nos servidores dessa rede social.

Como se analisam as emoções em mais de 1 milhão de horas de tuítes? Existe toda uma indústria dedicada a automatizar essas investigações. Chama-se análise de sentimento, e é utilizada em marketing, publicidade, linguística, ciência política, sociologia e muitos outros campos. A ideia é inserir uma sequência de textos em um computador, onde um software especializado em análise de sentimentos avalia se o conteúdo emocional é positivo ou negativo, bem como sua intensidade.

Os autores do artigo da *Nature* usaram um programa chamado Vader, desenvolvido no Instituto de Tecnologia da Geórgia e validado em milhares de excertos extraídos das mídias sociais, críticas de filmes do site Rotten Tomatoes, colunas de opinião do *New York Times*, resenhas técnicas de produtos on-line e outras fontes. O Vader respondeu a uma proporção esmagadora desses trechos de texto com as mesmas classificações de avaliadores humanos especializados.

Em sua análise, os pesquisadores do estudo de 2019 começaram examinando mais de 1 bilhão de tuítes de mais de 600 mil usuários, procurando qualquer um que incluísse uma declaração inequívoca expressando um sentimento, por exemplo, "Eu estou triste" ou "Eu estou muito feliz". Eles selecionaram para o estudo os 109 943 indivíduos que escreveram um tuíte desse tipo. Depois obtiveram, de cada um desses usuários, todos os tuítes feitos nas seis horas anteriores à expressão da emoção e nas seis horas seguintes. E inseriram esses fluxos de tuítes no software Vader para criar um perfil do estado emocional de cada usuário durante esse período de doze horas.

O que descobriram foi notável. No caso de emoções negativas, os tuítes tendiam a se manter estáveis em intensidade na linha de base, antes de começar a acumular negatividade rapidamente na meia hora ou hora anterior à expressão emocional principal (por exemplo, "Eu estou triste"). Provavelmente o acúmulo e o clímax eram uma reação a alguma informação ou incidente perturbador. Porém, logo depois de o sentimento ser expresso no tuíte, havia um rápido declínio na intensidade da emoção dos tuítes posteriores. O tuíte tinha amenizado o sentimento ruim.

Com emoções positivas, que supostamente não precisavam ser amenizadas, a curva foi muito mais suave. Havia um acúmulo antes da expressão da emoção (por exemplo, "Eu estou muito feliz"), mas não uma queda acentuada, apenas um declínio lento e gradual, à medida que o autor do tuíte passava para outros tópicos.

Assim, o que as evidências casuais e laboratoriais sugeriam foi verificado pelo monitoramento do pulso emocional de 100 mil usuários do Twitter. Em *Macbeth*, Shakespeare escreveu: "Dai palavras à dor. Quando a tristeza perde a fala, sibila ao coração, provocando de pronto uma explosão".[23] Como todos os grandes dramaturgos, Shakespeare também era um grande psicólogo. Ele sabia que os usuários do Twitter que dessem palavras à dor encontrariam alívio.

A alegria da emoção

Eu tive muitos problemas quando era criança. Não só pelas coisas que fazia, mas também por atos dos quais era inocente. "As pessoas culpam você pelas coisas por causa da sua má reputação", minha mãe me dizia. "E quando você tem má reputação, é difícil mudar a opinião das pessoas." Pensei muito sobre isso estudando a ciência da emoção. Ao longo de muitos séculos de pensamento humano e erudição, a emoção sempre esteve atrelada à má reputação, e era difícil mudar isso. Mas nos últimos anos, graças em grande parte aos avanços da neurociência, os pesquisadores remodelaram a maneira como vemos as emoções. Hoje sabemos que as situações em que a emoção é contraproducente são a exceção, não a regra.

Espero que nessa minha viagem pela nova ciência da emoção eu tenha conseguido desmascarar o mito dessa contraprodutividade e identificado como a emoção nos ajuda a aproveitar ao máximo nossos recursos mentais disponíveis. A emoção nos permite dar respostas flexíveis, dependendo do nosso estado físico e das circunstâncias ambientais, funcionando lado a lado com o sistema de querer e gostar para motivar todas as nossas ações. Também ajuda a nos relacionarmos e a cooperarmos uns com os outros, e nos estimula a expandir os horizontes e atingir novos patamares. Operando em conjunto com a mente racional, a emoção praticamente molda todos os nossos pensamentos. Contribui, momento a momento, para todos os nossos julgamentos e decisões, grandes e pequenos, desde vestir um paletó antes de sair de casa até como investir para a aposentadoria. Sem emoção nós estaríamos perdidos.

Todas as espécies têm seu nicho ecológico, cada um otimizado para sobrevivência e reprodução em algum ambiente ou em ambientes específicos. De todas as espécies, os humanos prosperam na maior variedade de ecossistemas. Vivemos em desertos, florestas tropicais, na tundra ártica congelada — e até no espaço sideral, na Estação Espacial Internacional. Nossa resiliência se baseia na flexibilidade mental, e isso se deve em grande parte às nossas sofisticadas emoções.

O nosso mundo, seja qual for o lugar ou o modo como vivemos, nos apresenta uma série constante de desafios. Para superá-los, contamos com os sentidos para detectar o entorno e com o pensamento para processar essa informação à luz de nossos conhecimentos e experiência. A principal forma pela qual esse conhecimento e as experiências passadas entram no pensamento é a emoção. Você pode não se envolver em muitas análises racionais sobre a possibilidade de acender um fogo a cada vez que grelhar um bife na cozinha, mas um laivo do medo do fogo sempre influencia seus pensamentos e ações ao fogão, orientando-o a tomar as decisões mais seguras.

Embora a emoção faça parte da caixa de ferramentas psicológicas humanas, há diferenças entre os indivíduos. Alguns são mais suscetíveis ao medo, outros menos, e isso também vale para a felicidade e outras emoções. E, mesmo que tenha evoluído por um bom motivo e geralmente seja benéfica, às vezes — particularmente no nosso mundo moderno estabelecido — a emoção se mostra contraproducente. A mensagem deste livro é que você deve preservar e valorizar suas emoções e conhecer seu perfil emocional específico. Com a prática do autoconhecimento, será possível administrar seus sentimentos para que eles sempre funcionem a seu favor.

Epílogo: O adeus

Como já mencionei, durante alguns anos minha mãe, embora presa a uma cadeira de rodas, gozava de boa saúde e vivia satisfeita numa casa de repouso para idosos. Eu costumava visitá-la uma ou duas vezes por semana, para uma caminhada e um milkshake de chocolate. Porém, com o surgimento da pandemia do coronavírus, em 2020 a casa em que morava foi fechada para visitas. Aquela nova grande calamidade que ela temia desde sua experiência no Holocausto — outra súbita e trágica convulsão da sociedade — finalmente se materializou.

Muitos funcionários e residentes logo foram diagnosticados com a covid-19. Em pouco tempo a casa de repouso me ligou para dizer que suspeitava que minha mãe tinha contraído o vírus. Aparentemente, o que Hitler não conseguira fazer — nem duas décadas de tabagismo, três episódios de câncer no passado distante e a queda de um grande lance de escadas num restaurante, aos 85 anos — estava sendo perpetrado por um pacote microscópico de proteínas.

Dias depois, o médico me telefonou dizendo que minha mãe tinha piorado e estava quase morrendo. Como ela tinha 98 anos e já estava parcialmente demente, era minha a decisão de mandá-la para o hospital. Se continuasse na casa de repouso, ela morreria em um ou dois dias, falou o médico. Se fosse imediatamente para o hospital, teria uma chance de sobreviver.

Minha mãe considerava os hospitais uma tortura — o ambiente estranho, a cama desconfortável, o soro que ela odiava, o catéter que desprezava, o desfile de estranhos entrando e saindo e a ausência dos cuidadores carinhosos da casa de repouso. A última vez em que tinha sido hospitalizada, ficou agitada e tentou sair da cama e fugir. Eu precisei abraçá-la com força até ela se acalmar. Dessa vez, eu não poderia visitá-la. Será que eu deveria mandá-la para o hospital, onde provavelmente ela teria uma morte prolongada e torturante — onde, para todos os efeitos práticos, ela morreria sozinha?

Minha mãe nem sempre teve uma vida boa, achei que merecia uma boa morte. Na casa de repouso eu poderia vê-la por uma janela e dizer que a amava. Ela saberia que, quando chegasse o fim, mesmo não estando com ela no quarto, meu espírito estaria lá, abraçando-a, me lembrando das vezes em que ela me ajudou quando eu caía ou brigava na escola. Queria que ela sentisse que eu estava com ela em espírito, segurando sua mão, beijando-a, até seu último suspiro. Mas se a deixasse na casa de repouso, onde eu poderia fazer isso tudo e onde ela se sentia feliz e confortável, eu a estaria condenando à morte certa. E se o hospital conseguisse salvar sua vida?

A médica disse que precisava da minha decisão antes das dezoito horas, quando ela teria de sair para fazer a ronda no hospital. Isso me dava oito minutos para decidir. Senti um nó na garganta. Meus olhos se encheram de lágrimas. Eu comecei a tremer. Tive dificuldade para pensar logicamente. Tive problemas para pensar da forma que fosse. Condenar minha mãe à morte? Não posso fazer isso. Condenar minha mãe à tortura? Também não posso. Depois de passar tanto tempo pesquisando e escrevendo este livro, eu sabia que as emoções são estados mentais que orientam nossos pensamentos, nossos cálculos e decisões, mas minhas emoções não estavam me orientando, estavam me fustigando.

Perguntei à médica se poderia pensar a respeito e ligar mais tarde. Ela hesitou, mas concordou, dizendo que seria difícil falar com ela depois que saísse da casa de repouso. Então, se eu não ligasse até as seis da tarde, eu estaria deixando minha mãe morrer lá.

Uma vez meu filho Nicolai me disse que eu era a pessoa mais equilibrada e imperturbável que ele conhecia. Eu me sentia orgulhoso por ter adquirido há muito tempo a capacidade de regular minhas emoções, o que me ajudava nos conflitos com os meus filhos e na minha vida profissional, ou quando os investimentos davam errado. Mas dessa vez eu não conseguia assumir o controle. Eu estremecia ao pensar em mandar minha mãe para o hospital. Depois chorava ao pensar em não mandar.

Eu me senti um inepto. Lá estava eu, escrevendo um capítulo sobre como regular uma emoção intensa, e naquele momento de crise desmoronava numa poça de lágrimas. Agora eram 17h58. Eu precisava comunicar minha resolução à médica. Ainda não tinha tomado uma decisão, mas não queria que a médica saísse antes de eu ligar.

Lembrei-me do estudo sobre os operadores da bolsa, e como os malsucedidos ou inexperientes tentavam não sentir, enquanto os experientes e bem-sucedidos aceitavam suas emoções e entendiam os seus benefícios. Aceitação, era disso que eu precisava. Precisava me permitir sentir. Precisava parar de lutar contra minhas emoções e deixar que elas me orientassem, que assumissem a liderança. Era uma decisão muito complexa e urgente para a razão dura e fria. Não era uma decisão da minha mente; era uma decisão que só poderia ser tomada pelo meu coração.

De repente me vi ligando para a médica para dar minha resposta, apesar de não saber qual seria. Enquanto o telefone tocava várias vezes, uma decisão se cristalizou: eu preferia que minha mãe ficasse na casa de repouso para morrer em paz. A médica finalmente atendeu. Perguntou o que eu queria que ela fizesse. Eu disse para ela mandar minha mãe para o hospital.

Assim como meu pai vendo seus companheiros da resistência partirem naquele caminhão, eu decidi fazer uma coisa e depois fiz outra. A inversão me surpreendeu, mas não lutei contra ela. A médica disse que achava que eu tinha tomado a decisão correta e pediu à casa de repouso para chamar uma ambulância.

Minha mãe melhorou no hospital. Consegui falar com ela pelo FaceTime. Uma ocupada auxiliar de enfermagem precisava rastrear o único iPhone da enfermaria e vestir um traje de proteção especial para fazer isso, mas nós nos falávamos a cada poucos dias. As enfermeiras disseram que minha mãe não sofreu como nas internações anteriores, e que respondia bem aos tratamentos ministrados. Fiquei contente por não a ter privado de uma chance de sobreviver. Uma semana e meia depois, eles estavam prontos para mandá-la para casa. A médica ficou maravilhada com a força da minha mãe.

No entanto, a casa de repouso de minha mãe não estava preparada para recebê-la. Disseram que estavam sobrecarregados de casos de covid-19, que tinham uma cota determinada de quantos pacientes poderiam receber de volta por dia. Havia uma lista de espera. Então minha mãe ficou no hospital mais um dia, depois mais outro e outro. Pelo menos ela estava passando bem; as informações eram de que ainda não estava sofrendo.

Assim que a casa de repouso afinal ficou liberada para recebê-la, minha mãe piorou de repente. Os médicos mudaram de ideia sobre liberá-la. Estavam preocupados com seu estado. Minha mãe precisava de oxigênio e não podia mais falar por telefone comigo. Essa era a situação quando terminei este livro. Foi numa sexta-feira, pouco antes da meia-noite. Mandei o manuscrito por e-mail para o editor, tomei um drinque e fui dormir.

Passava um pouco das três da manhã quando fui acordado por um telefonema. Era do hospital. Minha mãe tinha acabado de morrer.

Alguns meses já se passaram e estou finalmente revisando, nestas páginas, o final da história da minha mãe. Ainda dói pensar nisso. Imaginá-la morrendo sem os que a amavam ao seu redor. Mas não me arrependo da minha decisão de mandá-la para o hospital. Estou contente por ter ouvido o meu coração. Agora vejo que ao menos ela teve uma chance de lutar, e nunca me perdoaria se achasse que eu a tinha privado disso.

Entender como a mente e as emoções funcionam e usar o conhecimento adquirido para administrar as emoções de modo mais eficaz não são apenas uma ciência, mas uma arte. Meu amigo Deepak Chopra é um mestre em meditação e parece capaz de receber qualquer notícia com serenidade. Suponho que ele consiga fazer isso através da meditação. Estudos mostram que ela produz mudanças no cérebro, aumentando a função executiva e ajudando a aplicar com sucesso a técnica de controle da emoção que você preferir. Ainda tenho um longo caminho a percorrer nessa jornada. Escrever este livro me ajudou a me entender e a focar na minha vida emocional, e me ensinou muitas lições. Espero que lê-lo também tenha ajudado você. Mas não há milagres. O autoaperfeiçoamento exige trabalho e esforço constantes, e sempre haverá situações com as quais você gostaria de ter lidado melhor. A compreensão proporcionada pela ciência pode ajudá-lo a superar essas frustrações, estimulando o autoconhecimento que talvez evite os lapsos no futuro. Mas, quando eles acontecerem, e vão acontecer, você pode se consolar por saber que nenhum de nós é perfeito.

Agradecimentos

Este é o meu 11º livro de não ficção. Algumas pessoas que me ajudaram são os suspeitos de sempre, outras são conselheiras mais recentes, porém uma coisa que todos os meus livros têm em comum é uma grande dívida para com os outros. Devo muito ao meu grande amigo, neurocientista do Caltech, Ralph Adolphs. Ao longo dos anos em que trabalhei em *Emocional*, Ralph me explicou vários conceitos, me pôs em contato com outros especialistas, leu os rascunhos e me deu um enorme incentivo. Seu colega David Anderson também foi extremamente necessário, assim como outros neurocientistas/psicólogos, como James Russell, James Gross e Lisa Feldman Barrett. Também tive a sorte de contar com a colaboração de duas psicólogas clínicas, Liz von Schlegel e Kimberly Andersen, e do psiquiatra forense Greg Cohen. O filósofo Nathan King deu informações sobre o pensamento dos gregos antigos. Meus amigos e minha família leram vários rascunhos e me disseram onde a prosa funcionava mal: Cecilia Milan, Alexei Mlodinow, Nicolai Mlodinow, Olivia Mlodinow, Sanford Perliss, Fred Rose e minha esposa, Donna Scott, que não só é amorosa e apoiadora como também uma editora incrível, cuja opinião valorizo e em quem confio muito como conselheira em todas as coisas. Também sou grato a Andrew Weber, da Pantheon Books, e ao meu editor, Edward Kastenmeier, que me mantiveram no alto padrão usual da Pantheon e me prestaram um aconselhamento brilhante e construtivo. Sempre me senti privilegiado por contar com a experiência e o talento literários insuperáveis de Edward, e este livro não foi exceção. Catherine Bradshaw e Susan Ginsburg, da Writers House, também estiveram sempre disponíveis para mim, desde a concepção inicial da ideia até as discussões sobre a arte da capa. Conheci Susan em 2000, e este foi o início de uma bela amizade e de uma gratificante carreira como escritor. Finalmente, um último adeus à minha querida mãe, cuja vida, e agora a morte, me proporcionou tantas lições que passei para os meus livros.

Notas

Introdução [pp. 9-19]

1. Alguns padrões neurais nem envolvem a amígdala. Ver Justin S. Feinstein et al., "Fear and Panic in Humans with Bilateral Amygdala Damage" (*Nature Neuroscience*, v. 16, 2013, p. 270). Sobre o medo e a ansiedade, ver Lisa Feldman Barrett, *How Emotions Are Made* (Nova York: Houghton Mifllin Harcourt, 2017).
2. Andrew T. Drysdale et al., "Resting-State Connectivity Biomarkers Define Neurophysiological Subtypes of Depression". *Nature Medirise*, v. 23, pp. 28-38, 2017.
3. James Gross e Lisa Feldman Barrett, "The Emerging Field of Affective Neuroscience". *Emotion*, v. 13, 2013, pp. 997-8.
4. James A. Russell, "Emotion, Core Affect, and Psychological Construction". *Cognition and Emotion*, v. 23, pp. 1259-83, 2009.
5. Ralph Adolphs e David J. Anderson, *The Neuroscience of Emotion: A New Synthesis I*. Princeton, NJ: Princeton University Press, 2018, p. 3.
6. Feldman Barrett, *How Emotions Are Made*, p. xv.

1. Pensamento versus sentimento [pp. 23-50]

1. Charlie Burton, "After the Crash: Inside Richard Branson's $600 Million Space Mission". *GQ*, jul. 2017.
2. Entrevista com funcionário da Scaled Composites (Mojave, CA., 30 set. 2017). O entrevistado preferiu permanecer anônimo.
3. Melissa Bateson et al., "Agitated Honeybees Exhibit Pessimistic Cognitive Biases". *Current Biology*, v. 21, pp. 107-73, 2011.
4. Thomas Dixon, "'Emotion': The History of a Keyword in Crisis". *Emotion Review*, n. 4, pp. 338-44, out. 2012; Tiffany Watt Smith, *The Book of Human Emotions*. Nova York: Little, Brown, 2016, pp. 6-7.
5. Thomas Dixon, *The History of Emotions Blog*, 2 abr. 2020. Disponível em: <emotionsblog.history.qmul.ac.uk>.

6. Amy Maxmen, "Sexual Competition Among Ducks Wreaks Havoc on Penis Size". *Nature*, v. 549, 2017, p. 443.
7. Kate Wong, "Why Humans Give Birth to Helpless Babies". *Scientific American*, 28 ago. 2012.
8. Lisa Feldman Barrett, *How Emotions Are Made*. Nova York: Houghton Mifflin Harcourt, 2017, p. 167.
9. Ibid., pp. 164-5.
10. Ver capítulo 9 de Rand Swenson, *Review of Clinical and Functional Neuroscience* Hanover: Dartmouth Medical School, 2006. Disponível em: <www.dartmouth.edu>.
11. Peter Farley, "A Theory Abandoned but Still Compelling". *Yale Medicine*, outono 2008.
12. Michael R. Gordon, "Ex-Soviet Pilot Still Insists KAL 007 Was Spying". *New York Times*, 9 dez. 1996.

2. O propósito da emoção [pp. 51-72]

1. Ver, por exemplo, Ellen Langer et al., "The Mindlessness of Ostensibly Thoughtful Action: The Role of 'Placebic' Information in Interpersonal Interaction". *Journal of Personality and Social Psychology*, v. 36, pp. 635-42, 1978.
2. "Black Headed Cardinal Feeds Goldfish". YouTube, 25 jul. 2010. Disponível em: <www.youtube.com/watch?v=qtWcb7TwClo>.
3. Yanfei Liu e K. M. Passino, "Biomimicry of Social Foraging Bacteria for Distributed Optimization: Models, Principles, and Emergent Behaviors". *Journal of Optimization Theory and Applications*, v. 115, pp. 603-28, 2002.
4. Paul B. Rainey, "Evolution of Cooperation and Conflict in Experimental Bacterial Populations". *Nature Reviews Genetics*, v. 425, 2003, p. 72; R. Craig MacLean et al., "Evaluating Evolutionary Models of Stress-Induced Mutagenesis in Bacteria". *Nature Reviews Genetics*, v. 14, 2013, p. 221; Ivan Erill et al., "Aeons of Distress: An Evolutionary Perspective on the Bacterial SOS Response". *FEMS Microbiology Reviews*, v. 31, pp. 637-56, 2007.
5. António Damásio, *The Strange Order of Things: Life, Feeling, and the Making of Cultures*. Nova York: Pantheon, 2018, p. 20.

6. Jerry M. Burger et al., "The Pique Technique: Overcoming Mindlessness or Shifting Heuristics?". *Journal of Applied Social Psychology*, v. 37, pp. 2086-96, 2007; Michael D. Santos et al., "Hey Buddy, Can You Spare Seventeen Cents? Mindful Persuasion and the Pique Technique". *Journal of Applied Social Psychology*, v. 24, n. 9, pp. 755-64, 1994.
7. Richard M. Young, "Production Systems in Cognitive Psychology". In: *International Encyclopedia of the Social and Behavioral Sciences*. Nova York: Elsevier, 2001.
8. Frans B. M. de Waal, *Chimpanzee Politics: Power and Sex Among Apes*. Baltimore: Johns Hopkins University Press, 1982.
9. Entrevista com David Anderson, 13 jun. 2018.
10. Kaspar D. Mossman, "Profile of David J. Anderson". PEAS, v. 106, pp. 17623-5, 2009.
11. Yael Grosjean et al., "A Glial Amino-Acid Transporter Controls Synapse Strength and Homosexual Courtship in Drosophila". *Nature Neuroscience*, v. 11, n. 1, pp. 54-61, 2008.
12. Galet Shohat-Ophir et al., "Sexual Deprivation Increases Ethanol Intake in Drosophila". *Science*, v. 335, pp. 1351-55, 2012.
13. Paul R. Kleinginna e Anne M. Kleinginna, "A Categorized List of Emotion Definitions, with Suggestions for a Consensual Definition". *Motivation and Emotion*, v. 5, pp. 345-79, 1981. Ver também Carroll E. Izard, "The Many Meanings/Aspects of Emotion: Definitions, Functions, Activation, and Regulation". *Emotion Review*, v. 2, pp. 363-70, 2010.
14. O termo técnico correto é "reforço".
15. Stephanie A. Shields e Beth A. Koster, "Emotional Stereotyping of Parents in Child Rearing Manuals, 1915-1980". *Social Psychology Quarterly*, v. 52, n. 1, pp. 44-55, 1989.

3. A conexão mente-corpo [pp. 73-103]

1. Walter B. Cannon, *The Wisdom of the Body*. Nova York: W. W Norton, 1932. [Ed. bras.: *A sabedoria do corpo*. Trad. de Jaime Regalo Pereira. Rio de Janeiro: Cia Editora Nacional, 1946.]
2. Ver, por exemplo, James A. Russell, "Core Affect and the Psycho logical Construction of Emotion". *Psychological Review*, v. 110, pp. 145-72, 2003; Michelle Yik, James A. Russell e James H. Steiger, "A 12-Point

Circumplex Structure of Core Affect". *Emotion*, v. 11, 2011, p. 705. Ver também António Damásio, *The Strange Order of Things: Life, Feeling, and the Making of Cultures*. Nova York: Pantheon, 2018. Neste livro Damásio descreve essencialmente o que é o efeito do afeto central, que ele chama de sentimento homeostático.

3. Christine D. Wilson-Mendenhall et al., "Neural Evidence that Human Emotions Share Core Affective Properties". *Psychological Science*, v. 24, pp. 947-56, 2013.
4. Ibid.
5. Michael L. Platt e Scott A. Huettel, "Risky Business: The Neuroeconomics of Decision Making under Uncertainty". *Nature Neuroscience*, v. 11, pp. 398-403, 2008; Thomas Caraco, "Energy Budgets, Risk, and Foraging Preferences in Dark-Eyed Juncos *(Junco hyemalis)*". *Behavioral Ecology and Sociobiology*, v. 8, pp. 213-7, 1981.
6. John Donne, *Devotions upon Emergent Occasions*. Cambridge, UK: Cambridge University Press, 2015), p. 98.
7. António Damásio, *Strange Order of Things*, cap. 4.
8. Shadi S. Yarandi et al., "Modulatory Effects of Gut Microbiota on the Central Nervous System: How Gut Could Play a Role in Neuropsychiatric Health and Diseases". *Journal of Neurogastroenterology and Motility*, v. 22, 2016, p. 201.
9. Tal Shomrat e Michael Levin, "An Automated Training Paradigm Reveals Long-Term Memory in Planarians and Its Persistence Through Head Regeneration". *Journal of Experimental Biology*, v. 216, pp. 3799-810, 2013.
10. Stephen M. Collins et al., "The Adoptive Transfer of Behavioral Phenotype via the Intestinal Microbiota: Experimental Evidence and Clinical Implications". *Current Opinion in Microbiology*, v. 16, n. 3, 2013, pp. 240-5.
11. Peter Andrey Smith, "Brain, Meet Gut". *Nature*, v. 526, n. 7573, 2015, p. 312.
12. Ver, por exemplo, Tyler Halverson e Kannayiram Alagiakrishnan, "Gut Microbes in Neurocognitive and Mental Health Disorders". *Annals of Medicine*, v. 52, pp. 423-43, 2020.
13. Gale G. Whiteneck et al., *Aging with Spinal Cord Injury*. Nova York: Demos Medical Publishing, 1993, p. vii.
14. George W. Hohmann, "Some Effects of Spinal Cord Lesions on Experienced Emotional Feelings". *Pychophysiology*, v. 3, 1966, pp. 143-56.

15. Ver, por exemplo, Francesca Pistoia et al., "Contribution of Interoceptive Information to Emotional Processing: Evidence from Individuals with Spinal Cord Injury". *Journal of Neurotrauma*, v. 32, pp. 1981-86, 2015.
16. Nayan Lamba et al., "The History of Head Transplantation: A Review". *Acta Neurochirurgica*, v. 158, pp. 2239-47, 2016.
17. Sergio Canavero, "HEAVEN: The Head Anastomosis Venture Project Outline for the First Human Head Transplantation with Spinal Linkage". *Surgical Neurology International*, v. 4, pp. S335-S342, 2013.
18. Paul Root Wolpe, "A Human Head Transplant Would Be Reckless and Ghastly. It's Time to Talk About It". *Vox*, 12 jun. 2018. Disponível em: <www.vox.com/the-big-idea/2018/4/2/17173470/human-head-transplant-canavero-ethics-bioethics>.
19. Rainer Reisenzein et al., "The Cognitive-Evolutionary Model of Surprise: A Review of the Evidence". *Topics in Cognitive Science*, v. 11, 2019, pp. 50-74.
20. Shai Danziger et al., "Extraneous Factors in Judicial Decisions". *Proceedings of the National Academy of Sciences*, v. 108, pp. 6889-92, 2011.
21. Ibid.
22. Jeffrey A. Linder et al., "Time of Day and the Decision to Prescribe Antibiotics". *JAMA Internal Medicine*, v. 174, 2014, pp. 2029-31.
23. Jing Chen et al., "Oh What a Beautiful Morning! Diurnal Influences on Executives and Analysts: Evidence from Conference Calls". *Management Science*, jan. 2018.
24. Brad J. Bushman, "Low Glucose Relates to Greater Aggression in Married Couples". *PNAS*, v. 111, pp. 6254-7, 2014.
25. Christina Sagioglou e Tobias Greitemeyer, "Bitter Taste Causes Hostility". *Personality and Social Psychology Bulletin*, v. 40, pp. 1589-97, 2014.

4. Como as emoções orientam o pensamento [pp. 107-40]

1. A maior parte da história de Dirac está em Graham Farmelo, *The Strangest Man: The Hidden Life of Paul Direr, Mystic of the Atom* (Nova York: Perseus, 2009), pp. 252-63.
2. Ibid., p. 293.
3. Ibid., p. 438.

4. Barry Leibowitz, "Wis. Man Got Shot – Intentionally – in 'Phenomenally Stupid' Attempt to Win Back Ex-girlfriend". *CBS News*, 28 jul. 2011. Disponível em: <www.cbsnews.com/news/wis-man-got-shot-intentionally-in-phenomenally-stupid-attempt-to-win-back-ex-girlfriend/>; Paul Thompson, "'Phenomenally Stupid' Man Has His Friends Shoot Him Three Times to Win Ex-girlfriend's Pity". *Daily Mail*, 28 jul. 2011.
5. Entrevista com Perliss, Perliss Law Center, 9 dez. 2020.
6. Ver John Tooby e Leda Cosmides, "The Evolutionary Psychology of the Emotions and Their Relationship to Internal Regulatory Variables". In: Michael Lewis, Jeannette M. Haviland-Jones e Lisa Feldman Barrett (Orgs.). *Handbook of Emotions*. 3. ed. Nova York: Guilford, 2008, pp. 114-37.
7. Eric J. Johnson e Amos Tversky, "Affect, Generalization, and the Perception of Risk". *Journal of Personality and Social Psychology*, v. 45, 1983, p. 20.
8. Aaron Sell et al., "Formidability and the Logic of Human Anger". *Proceedings of the National Academy of Sciences*, v. 106, pp. 15073-8, 2009.
9. Edward E. Smith et al., *Atkinson and Hilgar's Introduction to Psychology*. Belmont, CA: Wadsworth, 2003, p. 147; Elizabeth Loftus, *Witness for the Defense: The Accused, the Eyewitness, and the Expert Who Puts Memory on Trial*. Nova York: St. Martin's Press, 2015.
10. Michel Tuan Pham, "Emotion and Rationality: A Critical Review and Interpretation of Empirical Evidence". *Review of General Psychology*, v. 11, 2007, p. 155.
11. Carmelo M. Vicario et al., "Core, Social, and Moral Disgust Are Bounded: A Review on Behavioral and Neural Bases of Repugnance in Clinical Disorders". *Neuroscience and Biobehavioral Reviews*, v. 80, pp. 185-200, 2017; Borg Schaich et al., "Infection, Incest, and Iniquity: Investigating the Neural Correlates of Disgust and Morality". *Journal of Cognitive Neuroscience*, v. 20, pp. 1529-46, 2008.
12. Simone Schnall et al., "Disgust as Embodied Moral Judgment". *Personality and Social Psychology Bulletin*, v. 34, pp. 1096-109, 2008.
13. Kendall J. Eskine et al., "A Bad Taste in the Mouth: Gustatory Disgust Influences Moral Judgment". *Psychological Science*, v. 22, pp. 295-9, 2011.
14. Kendall J. Eskine et al., "The Bitter Truth about Morality: Virtue, not Vice, Makes a Bland Beverage Taste Nice". *PLoS One*, v. 7, 2012, p. e41159.

15. Mark Schaller e Justin H. Park, "The Behavioral Immune System (and Why It Matters)". *Current Directions in Psychological Science*, v. 20, pp. 99-103, 2011.
16. Dalvin Brown, "'Fact Is I Had no Reason to Do it': Thousand Oaks Gunman Posted to Instagram During Massacre". *USA Today*, 10 nov. 2018.
17. Michel Tuan Pham, "Emotion and Rationality".
18. Ver, por exemplo, Ralph Adolphs, "Emotion". *Current Biology*, v. 13, 2010.
19. Alison Jing Xu et al., "Hunger Promotes Acquisition of Nonfood Objects". *Proceedings of the National Academy of Sciences*, 2015, 201417712.
20. Seunghee Han et al., "Disgust Promotes Disposal: Souring the Status Quo". Faculty Research Working Paper Series, RWP10-021. John F. Kennedy School of Government, Harvard University 2010; Jennifer S. Lerner et al., "Heart Strings and Purse Strings: Carryover Effects of Emotions on Economic Decisions". *Psychological Science*, v. 15, pp. 337-41, 2004.
21. Laith Al-Shawaf et al., "Human Emotions: An Evolutionary Psychological Perspective". *Emotion Review*, v. 8, pp. 173-86, 2016.
22. Dan Ariely e George Loewenstein, "The Heat of the Moment: The Effect of Sexual Arousal on Sexual Decision Making". *Journal of Behavioral Decision Making*, v. 19, pp. 87-98, 2006.
23. Ver, por exemplo, Martie G. Haselton e David M. Buss, "The Affective Shift Hypothesis: The Functions of Emotional Changes Following Sexual Intercourse". *Personal Relationships*, v. 8, pp. 357-69, 2001.
24. Ver, por exemplo, B. Kyu Kim e Gal Zauberman, "Can Victoria's Secret Change the Future? A Subjective Time Perception Account of Sexual-Cue Effects on Impatience". *Journal of Experimental Psychology: General*, v. 142, 2013, p. 328.
25. Donald Symons, *The Evolution of Human Sexuality*. Nova York: Oxford University Press, 1979, pp. 212-3.
26. Shayna Skakoon-Sparling et al., "The Impact of Sexual Arousal on Sexual Risk-Taking and Decision-Making in Men and Women". *Archives of Sexual Behavior*, v. 45, pp. 33-42, 2016.
27. Charmaine Borg e Peter J. de Jong, "Feelings of Disgust and Disgust-Induced Avoidance Weaken Following Induced Sexual Arousal in Women". *PLoS One*, v. 7, set., pp. 1-7, 2012.

28. Hassan H. López et al., "Attractive Men Induce Testosterone and Cortisol Release in Women". *Hormones and Behavior*, v. 56, pp. 84-92, 2009.

29. Sir Ernest Shackleton, *The Heart of the Antarctic*. Londres: Wordsworth Editions, 2007, p. 574.

30. Michelle N. Shiota et al., "Beyond Happiness: Building a Science of Discrete Positive Emotions". *American Psychologist*, v. 72, pp. 617-43, 2017.

31. Barbara L. Fredrickson e Christine Branigan, "Positive Emotions Broaden the Scope of Attention and Thought-Action Repertoires". *Cognition and Emotion*, v. 19, pp. 313-32, 2005.

32. Barbara L. Fredrickson, "The Role of Positive Emotions in Positive Psychology: The Broaden-and-Build Theory of Positive Emotions". *American Psychologist*, v. 56, 2001, p. 218; Barbara L. Fredrickson, "What Good Are Positive Emotions?". *Review of General Psychology*, v. 2, 1998, p. 300.

33. Paul Piff e Dachar Keltner, "Why Do We Experience Awe?". *New York Times*, 22 maio 2015.

34. Samantha Dockray e Andrew Steptoe, "Positive Affect and Psychobiological Processes". *Neuroscience and Biobehavioral Reviews*, v. 35, pp. 69-75, 2010.

35. Andrew Steptoe et al., "Positive Affect and Health-Related Neuroendocrine, Cardiovascular, and Inflammatory Processes". *Proceedings of the National Academy of Sciences*, v. 102, pp. 6508-12, 2005.

36. Sheldon Cohen et al., "Emotional Style and Susceptibility to the Common Cold". *Psychosomatic Medicine*, v. 65, pp. 652-57, 2003.

37. Bjorn Grinde, "Happiness in the Perspective of Evolutionary Psychology". *Journal of Happiness Studies*, v. 3, pp. 331-54, 2002.

38. Chris Tkach e Sonja Lyubomirsky, "How do People Pursue Happiness? Relating Personality, Happiness Increasing Strategies, and Well-Being". *Journal of Happiness Studies*, v. 7, pp. 183-225, 2006.

39. Melissa M. Karnaze e Linda J. Levine, "Sadness, the Architect of Cognitive Change". In: Heather C. Lench (Org.). *The Function of Emotions*. Nova York: Springer, 2018.

40. Kevin Au et al., "Mood in Foreign Exchange Trading: Cognitive Processes and Performance". *Organizational Behavior and Human Decision Processes*, v. 91, pp. 322-38, 2003.

5. De onde vêm os sentimentos? [pp. 141-61]

1. Anton J. M. de Craen et al., "Placebos and Placebo Effects in Medicine: Historical Overview". *Journal of the Royal Society of Medicine*, v. 92, pp. 511-5, 1999.
2. Leonard A. Cobb et al., "An Evaluation of Internal-Mammary--Artery Ligation by a Double-Blind Technic". *New England Journal of Medicine*, v. 260, pp. 1115-8, 1959; E. Dimond et al., "Comparison of Internal Mammary Artery Ligation and Sham Operation for Angina Pectoris". *American Journal of Cardiology*, v. 5, pp. 483-6, 1960.
3. Rasha Al-Lamee et al., "Percutaneous Coronary Intervention in Stable Angina (Orbita): A Double-Blind, Randomised Controlled Trial". *Lancet*, v. 39, pp. 31-40, 2018.
4. Gina Kolata, "'Unbelievable': Heart Stents Fail to Ease Chest Pain". *New York Times*, 2 nov. 2017.
5. Michael Boiger e Batja Mesquita, "A Socio-dynamic Perspective on the Construction of Emotion". In: Lisa Feldman Barrett e James A. Russell (Orgs.). *The Psychological Construction of Emotions*. Nova York: Guilford Press, 2015, pp. 377-98.
6. Rainer Reisenstein, "The Schachter Theory of Emotion: Two Decades Later". *Psychological Bulletin*, v. 94, pp. 239-64, 1983; Randall L. Rose e Mandy Neidermeyer, "From Rudeness to Road Rage: The Antecedents and Consequences of Consumer Aggression". In: Eric J. Arnould e Linda M. Scott (Orgs.). *Advances in Consumer Research*. Provo, Utah: Association for Consumer Research, 1999), pp. 12-7.
7. Richard M. Warren, "Perceptual Restoration of Missing Speech Sounds". *Science*, 23 jan. 1970, pp. 392-3; Richard M. Warren e Roselyn P. Warren, "Auditory Illusions and Confusions". *Scientific American*, v. 223, pp. 30-6, 1970.
8. Robin Goldstein et al., "Do More Expensive Wines Taste Better? Evidence from a Large Sample of Blind Tastings". *Journal of Wine Economics*, v. 3, n. 1, pp. 1-9, primavera 2008.
9. William James, "The Physical Basis of Emotion". *Psychological Review*, v. 1, pp. 516-29, 1894.
10. Justin S. Feinstein et al., "Fear and Panic in Humans with Bilateral Amygdala Damage". *Nature Neuroscience*, v. 16, pp. 270-2, 2013.
11. Lisa Feldman Barrett, "Variety Is the Spice of Life: A Psychological Construction Approach to Understanding Variability in Emotion". *Cognition and Emotion*, v. 23, pp. 1284-306, 2009.

12. Ibid.
13. Boiger e Mesquita, "Socio-dynamic Perspective on the Construction of Emotion". In: ______. *The Psychological Construction of Emotion*. Nova York: Guilford, 2014, pp. 377-98.
14. Robert I. Levy, *Tahitians: Mind and Experience in the Society Islands*. Chicago: University of Chicago Press, 1971.
15. James A. Russell, "Culture and the Categorization of Emotions". *Psychological Bulletin*, v. 110, 1991, p. 426; James A. Russell, "Natural Language Concepts of Emotion". *Perspectives in Personality*, v. 3, pp. 119-37, 1991.
16. Ralph Adolphs et al., "What Is an Emotion?". *Current Biology*, v. 29, pp. R1060-4, 2019.
17. David Strege, "Elephant's Road Rage Results in Fatality". *USA Today*, 30 nov. 2018.
18. Peter Salovey e John D. Mayer, "Emotional Intelligence". *Imagination, Cognition, and Personality*, v. 9, pp. 185-211, 1990.
19. Adam D. Galinsky et al., "Why It Pays to Get Inside the Head of Your Opponent: The Differential Effect of Perspective Taking and Empathy in Strategic Interactions". *Psychological Science*, v. 19, pp. 378-84, 2008.
20. Diana I. Tamir e Jason P. Mitchell, "Disclosing Information about the Self Is Intrinsically Rewarding". *Proceedings of the National Academy of Sciences*, v. 109, pp. 8038-43, 2012.

6. Motivação: Querer versus gostar [pp. 162-98]

1. Sophie Roberts, "You Can't Eat It". *Sun*, 16 maio 2017. Disponível em: <www.thesun.co.uk>.
2. Ella P. Lacey, "Broadening the Perspective of Pica: Literature Review". *Public Health Reports*, v. 105, n. 1, 1990, p. 29.
3. Tom Lorenzo, "Michel Lotito: The Man Who Ate Everything". *CBS Local*, 1 out. 2012. Disponível em: <tailgatefan.cbslocal.com>.
4. Junko Hara et al., "Genetic Ablation of Orexin Neurons in Mice Results in Narcolepsy, Hypophagia, and Obesity". *Neuron*, v. 30, pp. 345-54, 2001.
5. Robert G. Heath, "Pleasure and Brain Activity in Man". *Journal of Nervous and Mental Disease*, v. 154, pp. 3-17, 1972.

6. Sobre a história de Heath, ver Robert Colville, "The 'Gay Cure' Experiments That Were Written out of Scientific History". *Mosaic*, 4 jul. 2016. Disponível em: <https://mosaicscience.com/story/gay-cure-experiments/>; Judith Hooper e Dick Teresi, *The Three-Pound Universe*. Nova York: Tarcher, 1991, pp. 152-61; Christen O'Neal et al., "Dr. Robert G. Heath: A Controversial Figure in the History of Deep Brain Stimulation". *Neurosurgery Focus*, v. 43, pp. 1-18, 2017; John Gardner, "A History of Deep Brain Stimulation: Technological Innovation and the Role of Clinical Assessment Tools". *Social Studies of Science*, v. 43, pp. 707-28, 2013.
7. Dominik Gross e Gereon Schafer, "Egas Moniz (1874-1955) and the 'Invention' of Modern Psychosurgery: A Historical and Ethical Reanalysis Under Special Consideration of Portuguese Original Sources". *Neurosurgical Focus*, v. 30, n. 2, 2011, E8.
8. Elizabeth Johnston e Leah Olsson, *The Feeling Brain: The Biology and Psychology of Emotions*, Nova York: W. W. Norton, 2011, p. 125; Bryan Kolb e Ian Q. Whishaw, *An Introduction to Brain and Behavior*. 2. ed. Nova York: Worth Publishers, 2004, pp. 392-94; Patrick Anselme e Mike J. F. Robinson, "'Wanting', 'Liking', and Their Relation to Consciousness". *Journal of Experimental Psychology: Animal Learning and Cognition*, v. 42, pp. 123-40, 2016.
9. Elizabeth Johnston e Leah Olsson, *The Feeling Brain*, p. 125.
10. Daniel H. Geschwind e Jonathan Flint, "Genetics and Genomics of Psychiatric Disease". *Science*, v. 349, pp. 1489-94, 2015; Ty D. Cannon, "How Schizophrenia Develops: Cognitive and Brain Mechanisms Underlying Onset of Psychosis". *Trends in Cognitive Science*, v. 19, pp. 744-56, 2015.
11. Peter Milner, "Peter M. Milner". *Society for Neuroscience*. Disponível em: <www.sfn.org>.
12. Lauren A. O'Connell e Hans A. Hofmann, "The Vertebrate Mesolimbic Reward System and Social Behavior Network: A Comparative Synthesis". *Journal of Comparative Neurology*, v. 519, pp. 3599-639, 2011.
13. Patrick Anselme e Mike J. F. Robinson, "'Wanting', 'Liking', and Their Relation to Consciousness", pp. 123-40.
14. Amy Fleming, "The Science of Craving". *Economist*, 7 maio 2015; Patrick Anselme e Mike J. F. Robinson, "'Wanting', 'Liking', and Their Relation to Consciousness".

15. Kent C. Berridge, "Measuring Hedonic Impact in Animals and Infants: Microstructure of Affective Taste Reactivity Patterns". *Neuroscience and Biobehavioral Reviews*, v. 24, pp. 173-98, 2000.
16. Para um resumo dos primeiros trabalhos e ideias de Berridge, ver Terry E. Robinson e Kent C. Berridge, "The Neural Basis of Drug Craving: An Incentive-Sensitization Theory of Addiction" (*Brain Research Reviews*, v. 18, pp. 247-91, 1993).
17. Kent C. Berridge e Elliot S. Valenstein, "What Psychological Process Mediates Feeding Evoked by Electrical Stimulation of the Lateral Hypothalamus?". *Behavioral Neuroscience*, v. 105, 1991.
18. Patrick Anselme e Mike J. F. Robinson, "'Wanting', 'Liking', and Their Relation to Consciousness", pp. 123-40; ver também o site de Berridge: <https://sites.lsa.umich.edu/berridge-lab/>; e Johnston e Olsson, *Feeling Brain*, pp. 123-43.
19. Para uma resenha, ver Kent C. Berridge e Morten L. Kringelbach, "Neuroscience of Affect: Brain Mechanisms of Pleasure and Displeasure". *Current Opinion in Neurobiology*, v. 23, pp. 294-303, 2013; Patrick Anselme e Mike J. F. Robinson, "'Wanting', 'Liking', and Their Relation to Consciousness", pp. 123-40.
20. Ab Litt, Uzma Khan e Baba Shiv, "Lusting While Loathing: Parallel Counterdriving of Wanting and Liking", *Psychological Science*, v. 21, n. 1, pp. 118-25, 2010. Disponível em: <www.jstor.org/stable/41062173>.
21. Mike J. F. Robinson et al., "Roles of 'Wanting' and 'Liking' in Motivating Behavior: Gambling, Food, and Drug Addictions". In: Eleanor H. Simpson e Peter D. Balsam (Orgs.). *Behavioral Neuroscience of Motivation*. Nova York: Springer, 2016, pp. 105-36.
22. Xianchi Dai, Ping Dong e Jayson S. Jia, "When Does Playing Hard to Get Increase Romantic Attraction?". *Journal of Experimental Psychology: General*, v. 143, 2014, p. 521.
23. *The History of Xenophon*. Trad. de Henry Graham Dakyns. Nova York: Tandy-Thomas, 1909. v. 4, pp. 64-71.
24. Amy Fleming, "The Science of Craving".
25. Patrick Anselme e Mike J. F. Robinson, "'Wanting', 'Liking', and Their Relation to Consciousness", pp. 123-40.
26. Wilhelm Hofmann et al., "Desire and Desire Regulation". In: Wilhelm Hofmann e Loran F. Nordgren (Orgs.). *The Psychology of Desire*. Nova York: Guilford Press, 2015.

27. Patrick Anselme e Mike J. F. Robinson, "'Wanting', 'Liking', and Their Relation to Consciousness", pp. 123-40; Todd Love et al., "Neuroscience of Internet Pornography Addiction: A Review and Update". *Behavioral Sciences*, v. 5, n. 3, pp. 388-433, 2015. O núcleo accumbens recebe o sinal da dopamina da área tegmental ventral. Todas as drogas que causam dependência afetam essa "via (DA)mesolímbica da dopamina", desde a área tegmental ventral até o núcleo accumbens.
28. Morton Kringelbach e Kent Berridge, "Motivation in the Brain". In: Wilhelm Hofmann e Loran F. Nordgren, *Psychology of Desire*.
29. Wendy Foulds Mathes et al., "The Biology of Binge Eating". *Appetite*, v. 52, pp. 545-53, 2009.
30. "Sara Lee Corp.", *Advertising Age*, set. 2003. Disponível em: <https://adage.com/article/adage-encyclopedia/sara-lee-corp/98864>.
31. Paul M. Johnson e Paul J. Kenny, "Addiction-Like Reward Dysfunction and Compulsive Eating in Obese Rats: Role for Dopamine D2 Receptors". *Nature Neuroscience*, v. 13, 2010, p. 635.
32. Para deixar registrado, o clássico cheesecake estilo Nova York da Sara Lee contém queijo cremoso, açúcar, ovos, farinha enriquecida, xarope de milho com alto teor de frutose, óleo vegetal parcialmente hidrogenado (de soja e/ou de sementes de algodão), dextrose, maltodextrina, farinha integral, água, leite desnatado fermentado, creme, amido de milho, leite desnatado, sal, fermento (pirofosfato de ácido de sódio, bicarbonato de sódio, fosfato monocálcico), polvilho de milho e de tapioca processados, gomas (de xantana, de alfarroba e guar), vanilina, melaços, canela, carragena, cloreto de potássio, farinha de soja.
33. Michael Moss, "The Extraordinary Science of Addictive Junk Food". *New York Times*, 20 fev. 2013.
34. Ashley N. Gearhardt et al., "The Addiction Potential of Hyperpalatable Foods". *Current Drug Abuse Reviews*, v. 4, pp. 140-5, 2011.
35. Mike J. F. Robinson et al., "Roles of 'Wanting' and 'Liking' in Motivating Behavior".
36. Bernard Le e Foll et al., "Genetics of Dopamine Receptors and Drug Addiction: A Comprehensive Review". *Behavioural Pharmacology*, v. 20, pp. 1-17, 2009.
37. Nikolaas Tinbergen, *The Study of Instinct*. Nova York: Oxford University Press, 1951; Deirdre Barrett, *Supernormal Stimuli: How Primal Urges Overran Their Evolutionary Purpose*. Nova York: W. W. Norton, 2010.

38. Ashley N. Gearhardt et al., "Addiction Potential of Hyperpalatable Foods".
39. Michael Moss, "Extraordinary Science of Addictive Junk Food".
40. Katherine M. Flegal et al., "Estimating Deaths Attributable to Obesity in the United States", *American Journal of Public Health*, v. 94, pp. 1486-9, 2004.

7. **Determinação** [pp. 199-224]

1. O relato é de John Johnson e Bill Long, *Tyson-Douglas: The Inside Story of the Upset of the Century* (Lincoln, Neb.: Potomac, 2008); e Joe Layden, *The Last Great Fight: The Extraordinary Tale of two Men and How One Fight Changed Their Liver Forever* (Nova York: Macmillan, 2008); Martin Domin, "Buster Douglas Reveals His Mum Was the Motivation for Mike Tyson Upset as Former World Champion Recalls Fight 25 Years On". *Mail Online*, 11 fev. 2015. Disponível em: <www.dailymail.co.uk>.
2. Muhammad Ali, *The Greatest: My Own Story* (com Richard Durham). Nova York: Random House, 1975.
3. Martin Fritz Huber, "A Brief History of the Sub-4-Minute Mile". *Outside*, 9 jun. 2017. Disponível em: <www.outsideonline.com/health/running/brief-history-sub-4-minute-mile/>.
4. William Shakespeare, *The Tragedy of Hamlet, Prince of Denmark*, ato 3, cena 1. [Citada em tradução de Lawrence Flores Pereira: *Hamlet*. São Paulo: Penguin-Companhia das Letras, 2015.]
5. David D. Daly e J. Grafton Love, "Akinetic Mutism". *Neurology*, v. 8, 1958.
6. William W. Seeley et al., "Dissociable Intrinsic Connectivity Networks for Salience Processing and Executive Control". *Journal of Neuroscience*, v. 27, pp. 2349-56, 2007.
7. Emily Singer, "Inside a Brain Circuit, the Will to Press On". *Quanta Magazine*, 5 dez. 2013. Disponível em: <www.quantamagazine.org/inside-the-brains-salience-network-the-will-to-press-on-20131205/>.
8. Josef Parvizi et al., "The Will to Persevere Induced by Electrical Stimulation of the Human Cingulate Gyms". *Neuron*, v. 80, pp. 1259--367, 2013.

9. Emily Singer, "Inside a Brain Circuit, the Will to Press On".
10. Erno J. Hermans et al., "Stress-Related Noradrenergic Activity Prompts Large-Scale Neural Network Reconfiguration". *Science*, v. 334, pp. 1151-3, 2011; Andrea N. Goldstein e Matthew P. Walker, "The Role of Sleep in Emotional Brain Function". *Annual Review of Clinical Psychology*, v. 10, pp. 679-708, 2014.
11. Tingting Zhou et al., "History of Winning Remodels Thalamo-PFC Circuit to Reinforce Social Dominance". *Science*, v. 357, pp. 162-8, 2017.
12. Ver, por exemplo, M. C. Pensel et al., "Executive Control Processes Are Associated with Individual Fitness Outcomes Following Regular Exercise Training: Blood Lactate Profile Curves and Neuroimaging Findings". *Science Reports*, v. 8, p. 4893, 2018; Sama F. Sleiman et al., "Exercise Promotes the Expression of Brain Derived Neurotrophic Factor (BDNF) Through the Action of the Ketone Body ß-hydroxybutyrate". *eLife*, v. 5, e15092, 2016.
13. Yi-Yuang Tang et al., "Brief Meditation Training Induces Smoking Reduction". *Proceedings of the National Academy of sciences* USA, v. 110, pp. 13971-5, 2013.
14. Robert S. Marin, Ruth C. Biedrzycki e Sekip Firinciogullari, "Reliability and Validity of the Apathy Evaluation Scale". *Psychiatry Research*, v. 38, pp. 143-62, 1991; Robert S. Marin e Patricia A. Wilkosz, "Disorders of Diminished Motivation". *Journal of Head Trauma Rehabilitation*, v. 20, pp. 377-88, 2005; Brendan J. Guercio, "The Apathy Evaluation Scale: A Comparison of Subject, Informant, and Clinician Report in Cognitively Normal Elderly and Mild Cognitive Impairment". *Journal of Alzheimer's Disease*, v. 47, pp. 421-32, 2015; Richard Levy e Bruno Dubois, "Apathy and the Functional Anatomy of the Prefrontal Cortex-Basal Ganglia Circuits". *Cerebral Cortex*, v. 16, pp. 916-28, 2006.
15. Andrea N. Goldstein e Matthew P. Walker, "Role of Sleep in Emotional Brain Function".
16. Ibid.
17. Matthew Walker, *Why We Sleep: Unlocking the Power of Sleep and Dreams* (Nova York: Scribner, 2017), p. 204.

8. Seu perfil emocional [pp. 227-59]

1. Ver, por exemplo, Richard J. Davidson, "Well-Being and Affective Style: Neural Substrates and Biobehavioural Correlates". *Philosophical*

Transactions of the Royal Society of London, Series B: Biological Sciences, v. 359, pp. 1395-411, 2004.

2. Mary K. Rothbart, "Temperament, Development, and Personality". *Current Directions in Psychological Science*, v. 16, pp. 207-12, 2007.
3. Richard J. Davidson e Sharon Begley, *The Emotional Life of Your Brain*. Nova York: Plume, 2012, pp. 97-102.
4. Greg Miller, "The Seductive Allure of Behavioral Epigenetics". *Science*, v. 329, pp. 24-9, 2010.
5. June Price Tangney e Ronda L. Dearing, *Shame and Guilt*. Nova York: Guilford Press, 2002, pp. 207-14.
6. Ver, por exemplo, os resultados do grupo controle in: Giorgio Coricelli, Elena Rusconi e Marie Claire Villeval, "Tax Evasion and Emotions: An Empirical Test of Reintegrative Shaming Theory". *Journal of Economic Psychology*, v. 40, pp. 49-61, 2014; Jessica R. Peters e Paul J. Geiger, "Borderline Personality Disorder and Self- Conscious Affect: Too Much Shame but Not Enough Guilt?". *Personality Disorders: Theory, Research, and Treatment*, v. 7, n. 3, 2016, p. 303; Kristian L. Alton, *Exploring the Guilt-Proneness of Non-traditional Students*. Carbondale: Southern Illinois University, 2012 (tese de mestrado); Nicolas Rüsch et al., "Measuring Shame and Guilt by Self-Report Questionnaires: A Validation Study". *Psychiatric Research*, v. 150, n. 3, pp. 313-25, 2007.
7. June Price Tangney e Ronda L. Dearing, *Shame and Guilt*.
8. Ver, por exemplo, Souheil Hallit et al., "Validation of the Hamilton Anxiety Rating Scale and State Trait Anxiety Inventory A and B in Arabic Among the Lebanese Population". *Clinical Epidemiology and Global Health*, v. 7, pp. 464-70, 2019; Ana Carolina Monnerat Fioravanti--Bastos, Elie Cheniaux e J. Landeira-Fernandez, "Development and Validation of a Short-Form Version of the Brazilian State-Trait Anxiety Inventory". *Psicologia: Reflexão e Crítica*, v. 24, pp. 485-94, 2011.
9. Konstantinos N. Fountoulakis et al., "Reliability and Psychometric Properties of the Greek Translation of the State-Trait Anxiety Inventory Form Y: Preliminary Data". *Annals of General Psychiatry*, v. 5, n. 2, 2006, p. 6.
10. Ver, por exemplo, Ibid.; Tracy A. Dennis, "Interactions Between Emotion Regulation Strategies and Affective Style: Implications for Trait Anxiety Versus Depressed Mood". *Motivation and Emotion*, v. 31, 2007, p. 203.

11. Arnold H. Buss e Mark Perry, "The Aggression Questionnaire". *Journal of Personality and Social Psychology*, v. 63, pp. 452-9, 1992.
12. Judith Orloff, *Emotional Freedom*. Nova York: Three Rivers Press, 2009, p. 346.
13. Peter Hills e Michael Argyle, "The Oxford Happiness Questionnaire: Compact Scale for the Measurement of Psychological Well-Being". *Personality and Individual Differences*, v. 33, pp. 1073-82, 2002.
14. As pontuações médias no Questionário Oxford sobre Felicidade foi semelhante em estudos com diferentes profissões e no mundo todo. Ver, por exemplo, Ellen Chung, Vloreen Nity Mathew e Geetha Subramaniam, "In the Pursuit of Happiness: The Role of Personality". *International Journal of Academic Research in Business and Social Sciences*, v. 9, pp. 10-9, 2019; Nicole Hadjiloucas e Julie M. Fagan, "Measuring Happiness and Its Effect on Health in Individuals that Share their Time and Talent while Participating in 'Time Banking'", 2014; Madeline Romaniuk, Justine Evans e Chloe Kidd, "Evaluation of an Equine-Assisted Therapy Program for Veterans Who Identify as 'Wounded, Injured, or Ill' and Their Partners". *PLoS One*, v. 13, 2018; Leslie J. Francis e Giuseppe Crea, "Happiness Matters: Exploring the Linkages Between Personality, Personal Happiness, and Work-Related Psychological Health Among Priests and Sisters in Italy". *Pastoral Psychology*, v. 67, pp. 17-32, 2018; Mandy Robbins, Leslie J. Francis e Bethan Edwards, "Prayer, Personality, and Happiness: A Study Among Undergraduate Students in Wales". *Mental Health, Religion, and Culture*, v. 11, pp. 93-9, 2008.
15. Ed Diener et al., "Happiness of the Very Wealthy". *Social Indicators Research*, v. 16, pp. 263-74, 1985.
16. Kennon M. Sheldon e Sonja Lyubomirsky, "Revisiting the Sustainable Happiness Model and Pie Chart: Can Happiness Be Successfully Pursued?". *Journal of Positive Psychology*, pp. 1-10, 2019.
17. Sonja Lyubomirsky, *The How of Happiness: A Scientific Approach to Getting the Life You Want*. Nova York: Penguin, 2008.
18. R. Chris Fraley, "Information on the Experiences in Close Relationships-Revised (ECR-R) Adult Attachment Questionnaire". Disponível em: <http://labs.psychology.illinois.edu/~rcfraley/measures/ecrr.htm>.
19. Semir Zeki, "The Neurobiology of Love". FEBS *Letters*, v. 581, pp. 2575-9, 2007.

20. T. Joel Wade, Gretchen Auer e Tanya M. Roth, "What Is Love: Further Investigation of Love Acts". *Journal of Social, Evolutionary, and Cultural Psychology*, v. 3, 2009, p. 290.
21. Piotr Sorokowski et al., "Love Influences Reproductive Success in Humans". *Frontiers in Psychology*, v. 8, 2017, p. 1922.
22. Jeremy Axelrod, "Philip Larkin: 'An Arundel Tomb'". Disponível em: <www.poetryfoundation.org/articles/69418/philip-larkin-an-arundel-tomb>.

9. **Administrando as emoções** [pp. 260-85]

1. Robert E. Bartholomew et al., "Mass Psychogenic Illness and the Social Network: Is It Changing the Pattern of Outbreaks?". *Journal of the Royal Society of Medicine*, v. 105, pp. 509-12, 2012; Donna M. Goldstein e Kira Hall, "Mass Hysteria in Le Roy, New York". *American Ethologist*, v. 42, pp. 640-57, 2015; Susan Dominus, "What Happened to the Girls in Le Roy". *New Work Times*, 7 mar. 2012.
2. Levine L. Langness, "Hysterical Psychosis: The Cross-Cultural Evidence". *American Journal of Psychiatry*, v. 124, pp. 143-52, ago. 1967.
3. Adam Smith, *The Theory of Moral Sentiments*. Nova York: Augustus M. Kelley, 1966 [1759]. [Ed. bras.: *A teoria dos sentimentos morais*. Trad. de Lya Luft. São Paulo: Martins Fontes, 2014.]
4. Frederique de Vignemont e Tania Singer, "The Empathic Brain: How, When, and Why?". *Trends in Cognitive Sciences*, v. 10, pp. 435-41, 2006.
5. Elaine Hatfield et al., "Primitive Emotional Contagion". *Review of Personality and Social Psychology*, v. 14, pp. 151-77, 1992.
6. W. S. Condon e W. D. Ogston, "Sound Film Analysis of Normal and Pathological Behavior Patterns". *Journal of Nervous Mental Disorders*, v. 143, pp. 338-47, 1966.
7. James H. Fowler e Nicholas A. Christakis, "Dynamic Spread of Happiness in a Large Social Network: Longitudinal Analysis over 20 Years in the Framingham Heart Study". *BMJ*, v. 33, a2338, 2008.
8. Adam D. I. Kramer, Jamie E. Guillory e Jeffrey T. Hancock, "Experimental Evidence of Massive-Scale Emotional Contagion Through Social Networks". *Proceedings of the National Academy of Sciences*, v. 111, pp. 8788-90, 2014.
9. Emilio Ferrara e Zeyao Yang, "Measuring Emotional Contagion in Social Media". *PLoS One*, v. 10, e0142390, 2015.

10. Allison A. Appleton e Laura D. Kubzansky, "Emotion Regulation and Cardiovascular Disease Risk". In: James J. Gross (Org.), *Handbook of Emotion Regulation*. Nova York: Guilford Press, 2014, pp. 596-612.
11. James Stockdale, "Tranquility, Fearlessness, and Freedom". Palestra ministrada na Marine Amphibious Warfare School, Quantico, Ya., 18 abr. 1995; "Vice Admiral James Stockdale" (obituário). *Guardian*, 7 jul. 2005.
12. Epictetus, *The Enchiridion*. Nova York: Dover, 2004, p. 6.
13. Ibid., p. 1; notar que *control* ["controle"] aqui é expressado como *power* ["poder"].
14. Jenny McMullen et al., "Acceptance Versus Distraction: Brief Instructions, Metaphors, and Exercises in Increasing Tolerance for Self-Delivered Electric Shocks". *Behavior Research and Therapy*, n. 46, pp. 122-9, 2008.
15. Amit Etkin et al., "The Neural Bases of Emotion Regulation". *Nature Reviews Neuroscience*, n. 16, pp. 693-700, 2011.
16. Grace E. Giles et al., "Cognitive Reappraisal Reduces Perceived Exertion During Endurance Exercise". *Motivation and Emotion*, n. 42, pp. 482-96, 2018.
17. Mark Fenton-O'Creevy et al., "Thinking, Feeling, and Deciding: The Influence of Emotions on the Decision Making and Performance of Traders". *Journal of Organizational Behavior*, v. 32, pp. 1044-61, 2010.
18. Daniel Kahneman, *Thinking, Fast and Slow*. Nova York: Farrar, Straus and Giroux, 2011. [Ed. bras.: *Rápido e devagar: Duas formas de pensar*. Trad. de Cássio de Arantes Leite. Rio de Janeiro: Objetiva, 2012.]
19. Matthew D. Lieberman et al., "Subjective Responses to Emotional Stimuli During Labeling, Reappraisal, and Distraction". *Emotion*, n. 11, pp. 468-80, 2011.
20. Andrew Reiner, "Teaching Men to Be Emotionally Honest". *New York Times*, 4 abr. 2016.
21. Matthew D. Lieberman et al., "Putting Feelings into Words". *Psychological Science*, v. 18, pp. 421-8, 2007.
22. Rui Fan et al., "The Minute-Scale Dynamics of Online Emotions Reveal the Effects of Affect Labeling". *Nature Human Behaviour*, v. 3, p. 92, 2019.
23. William Shakespeare, *Macbeth*, ato 4, cena 3. [Ed. bras.: *Macbeth*. Trad. de Carlos Alberto Nunes. São Paulo: Melhoramentos, 1956.]

Índice remissivo

1ª EDIÇÃO [2022] 2 reimpressões

ESTA OBRA FOI COMPOSTA POR MARI TABOADA EM DANTE PRO E IMPRESSA EM OFSETE PELA LIS GRÁFICA SOBRE PAPEL PÓLEN DA SUZANO S.A. PARA A EDITORA SCHWARCZ EM JUNHO DE 2024

A marca FSC® é a garantia de que a madeira utilizada na fabricação do papel deste livro provém de florestas que foram gerenciadas de maneira ambientalmente correta, socialmente justa e economicamente viável, além de outras fontes de origem controlada.